"指南针计划——中国古代发明创造的价值挖掘与展示"试点项目与《全民科学素质行动计划纲要》科

典藏文明
古代造纸印刷术

The Traditional Techniques of
Papermaking and Printing

佟春燕 著

文物出版社
Cultural Relics Press

编辑委员会

主　编　国家文物局

　　　　　中国科学技术协会

主　任　单霁翔
副主任　程东红

　　　　　张　柏
委　员　宋新潮

　　　　　王　可

　　　　　罗伯健

　　　　　徐延豪

　　　　　杨　阳

目录

绪言……005

第一章 无纸时代……009

第二章 化腐朽为神奇的造纸术……019
    1. 纸的发明与蔡侯纸
    2. 晓雪春冰：成熟的造纸术
    3. 云衣素魄：造纸技术的广泛应用

第三章 古老的转印术……057
    1. 转印媒介
    2. 技术先驱

第四章 源远流长的印刷术……063
    1. 雕版印刷术
    2. 活字印刷术
    3. 版画艺术

结束语……114

参考文献……115

绪　言

在我们这个古老的国度，曾经有过许多的创造与发明。

中国古代在天文学、地理学、数学、物理学、化学、生物学和医学上都有许多发现、发明与创造。我们有指南针、火药、造纸和印刷术四大发明，还有十进位制、赤道坐标系、瓷器、丝绸、二十四节气等重大发明。写入史册的古代中国的原创发明，不仅改变了古代中国的历史面貌，也改变了世界历史前行的速度。

古代的发明与创造，随着历史的脚步慢慢远去，是不断面世的古代文物让我们淡忘的记忆又渐渐清晰起来。本丛书通过古代文物中庄重的青铜器和光彩的瓷器，还有华美的丝绸和轻柔的纸张，从几个侧面展示着中国发明创造的历史。

这都是基于自然的古代发明创造，矿石、泥土、平常的动植物在创造中发生了这样多的神奇变化。这些发明伟大而平凡，数千年的时光过去，我们至今仍然在享用历史奇迹所成就的果实，先祖们创建的技术与科学体系为全人类带来了福祉。

往古来今，历史就这样在科学杠杆的助力下加速前行。科学也在不断进步，不断创新，看到这些珍藏的历史文物，我们可以体悟出科学技术发展的历史轨迹。

造纸术和印刷术是中国古代的两项重要发明，它们对人类政治、经济、文化等诸多方面都产生了重大影响。

西汉时期，中国发明了造纸术。东汉元兴元年（公元105年）蔡伦总结前人经验，改进造纸工艺，使用废旧麻料、树皮等为造纸原料，扩大了造纸原料的选择范围，降低了造纸成本，提高了纸张质量。公元4世纪，廉价而轻便的纸张逐渐代替了价格昂贵的缣帛和笨重的竹木成为主要的书写材料。公元4-10世纪，麻、藤、树皮、竹等原料的应用，床架式抄纸帘的发明以及施胶、涂布、染色等造纸工艺的改进，藤纸、"澄心堂纸"等名贵纸张的出现，标志着我国造纸术步入了成熟发展期。公元10世纪以后，竹纸和稻麦杆纸的生产技术日趋完善,大幅匹纸的成功抄造,"金粟山藏经纸"、"宣德纸"等名纸的生产,纸钞的流通,《纸谱》、《天工开物·杀青》等造纸技术著作的问世,都是我国古代造纸技术日益普及和发展的见证,造纸术得到广泛应用。造纸术的发明,带来了书写材料的根本性变革,各种社会生活信息以纸为媒介而得到迅速传播;传统的书法绘画艺术也以纸为载体而得以流传和发展,散发出独特的艺术魅力。造纸术对中国文化的发展举足轻重,为世界文明的发展也做出了重要贡献。

造纸术的发展和推广,不仅带来了我国写本书的繁荣时代,还为雕版印刷术的产生、推广和普及提供了重要的物质条件。唐代初期,中国发明了雕版印刷术,公元11世纪北宋的毕昇发明了活字印刷术,公元15世纪,在雕版印刷的基础上创新出了套色印刷技术。中国人用自己的巧心妙手,创造了印刷史上的无数奇迹。印刷术的发明,使手工抄写变为机械复制,开启了书籍复制的新方式,降低了人们获取知识信息的成本,拓展了知识传播的速度和广度,对中国文化的发展与传承、世界文化的传播与交流均产生了深远的影响。

典藏文明

无纸时代

在纸张发明之前,
我们的祖先就已经会用堆石、结绳、
刻甲骨、契竹木、书绢帛等方式记事,
甲骨、陶器、青铜器、石材、简牍和缣帛等
也就因此成为早期的文字载体。

第一章
无纸时代

图1 商代"古贞般有祸"全形卜甲

　　在纸张发明之前，我们的祖先就已经会用堆石、结绳、刻甲骨、契竹木、书绢帛等方式记事，甲骨、陶器、青铜器、石材、简牍和缣帛等也就因此成为早期的文字载体。

　　河南安阳殷墟考古发掘出土了大量殷商时期的甲骨，上面刻有文字，这些文字是商王室占卜之后刻在龟甲或兽骨上的，因此称为甲骨文或卜辞（图1）。甲骨文记录了商朝的职官、军队、刑罚、农业、田猎、畜牧、手工业、商业等方面的内容，是研究古代中国早期历史与典章制度的重要资料。它距今已有三千多年的历史，是我国最早的较为成熟的文字。从商代开始，青铜器已经成为文字的载体。人们在青铜器物上铸刻文字，从最初刻写族徽图像、人名的简单文字发展到后来刻有几百字的长篇铭文，为我们记录了当时的战争、盟约、条例、任命、赏赐、典礼等许多重要的历史内容（图2）。我国新石器时代的陶器上已出现有图文，并且在相当长的时间内，陶器一直是重要的图文载体。这些图文有的是用模压方法压印上去的，有的是在器物烧制前在陶坯上刻划的，有的是用笔直接书

图2 西周利簋及铭文(陕西临潼出土)

写在烧制好的陶器上的（图3），还有的是戳印到陶坯上的。它们用来装饰器物、记录事件。石料作为记事载体的历史也比较悠久。公元前8-前4世纪，秦人就在鼓形石头上刻写韵文，留下了著名的石鼓文。战国时期（公元前475-前221年），人们在粗加工的石碣上刻写纪念性文字。从汉代开始，则将石块加工成方碑形以刊刻文字，其形式一直沿用至今。这些碑刻记载了许多历史盛事、古代经典、宗教经文等，保存了大量的史料，是研究中国汉字字体演变的重要证据（图4）。碑刻还引导了拓印方法的发明，促进了雕版印刷术的诞生。虽然青铜器、陶器、石料等可以作为文字的载体，但在这些材质上刻写图文较为困难，因此它们难以成

图3 东汉朱书陶罐（陕西长安三里村出土）

图4 东汉熹平石经

图5 商代甲骨文"典""册"字

为通用的书写材料。

　　简牍是纸张出现以前最普遍的书写材料，竹片和木板经过加工处理后制成可以书写文字的材料，称为简牍。殷商时期甲骨文中就已出现了"典"、"册"二字，"册"看上去就很像是一捆编以两道书绳的简，"典"看起来更像是"册"放在几上，因此有人认为早在殷商时代就已经使用简作为书写材料（图5）。简有竹简和木简两种，盛产竹子的南方地区多使用竹简，而北方地区则多使用木简。湖南长沙马王堆、湖北云梦睡虎地、湖北随县曾侯乙墓等南方地区墓地曾出土了大量的竹简（图6），西北边陲的甘肃敦煌、酒泉、居延、武威及新疆等地则出土了大量的木简（图7）。牍是指写字的木版，它比简宽，一般是单片使用，多用于记事、图、写书信，还可以当名谒（相当于现在的名片）使用。牍用于书写物品名目或户口时，称为"籍"或"簿"。牍还用于画图，特别是画地图，因此

图6 秦简（湖北云梦睡虎地出土）

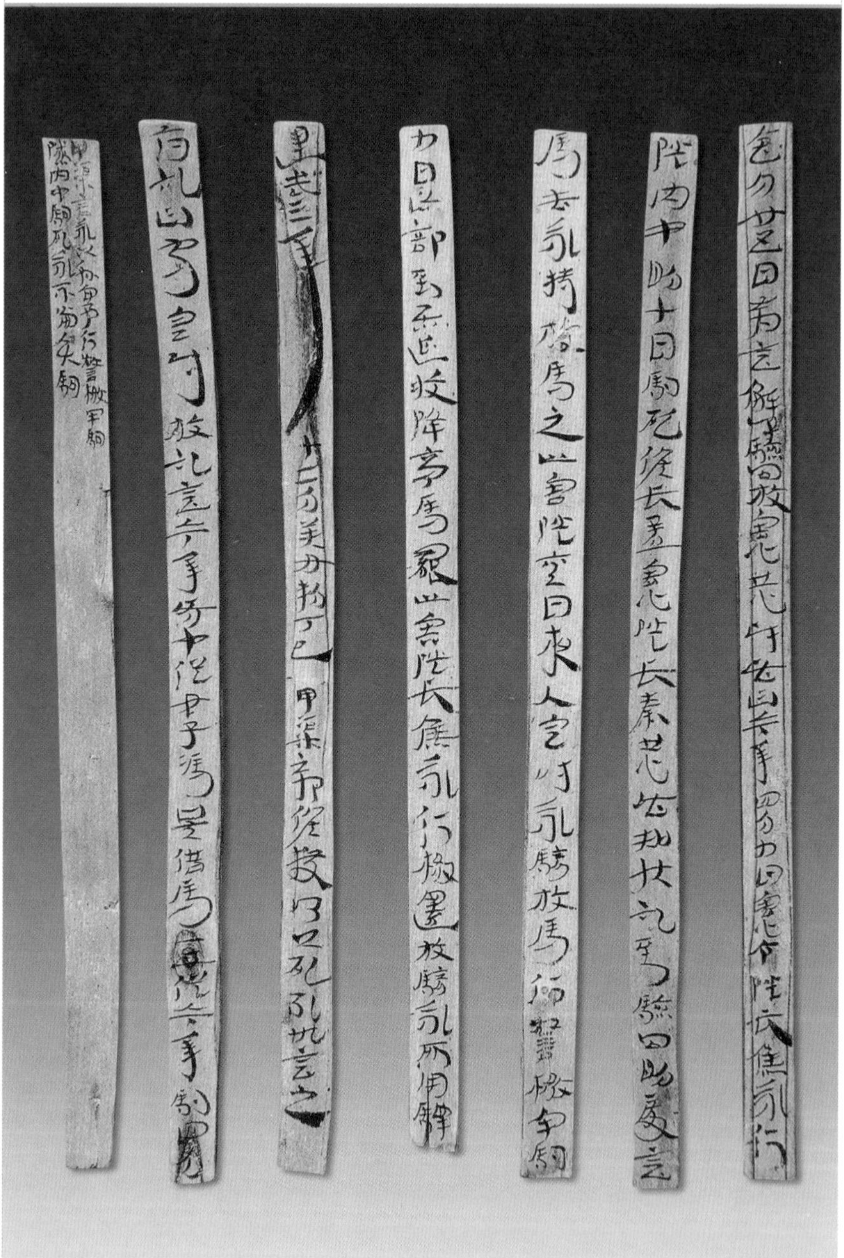

图7 汉简(甘肃居延出土)

古人常用"版图"代表国家的领土。通信使用的木牍多为一尺见方,因此信件也被称作"尺牍"。使用时,上面必须加盖一块版以使书信内容保密,这块版称做"检",相当于信的封套。在检上面写收信人和发信人姓名,称为"署"。检面上的印齿内有黏土,黏土称为"封泥"。检与牍捆在一起,捆扎的绳子要通过检面的印齿和绳槽,并在封泥上盖印,这样可以检验信是否曾被开启(图8)。各个时代简牍的长度并不统一,不同长度的简牍用于书写不同的内容。书写时,一支简一般只写一行文字,当连续书写多支时,需按顺序用书绳编连起来,称为简册(简策),这是我国最早的正式书籍形式。简册内容大多为经典、官方文书、私人信函、历书、启蒙读物、辞书、法律典章、医方、文艺著作以及其他记录,我国早期的文化著作都是写在简册上的。简牍上的文字是用毛笔蘸墨写就的,可写于一面,也可以两面都写。写错了就用小刀刮去,叫做"削"。湖南长沙金盆岭晋墓中出土的青瓷对书俑,为两俑相对而坐,中间置书案,案上有笔、砚、简册及手提箱,一人手执版,另一人执笔在版上书写(图9)。此二俑当是文献中记载的校书吏,有人因此称之

图8 东汉至晋佉卢文木牍(新疆民丰尼雅遗址出土)

图9 晋代青瓷对书俑(湖南长沙金盆岭出土)

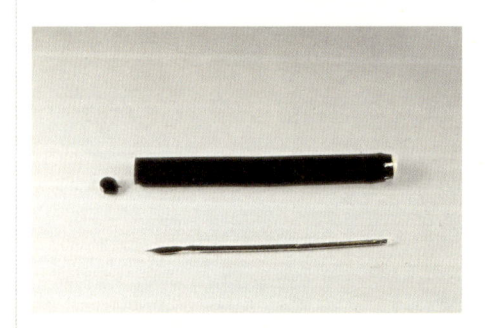

图10 战国毛笔(湖北江陵包山出土)

图11 东汉错金书刀(四川成都天回山出土)

图12 西汉石砚及研石（湖北江陵凤凰山出土）

为"校雠俑"。根据文献记载，"一人读书，校其上下，得谬误，为校；一人持本，一人读书，若冤家相对，为雠。"校对时一旦发现错误，就用刮刀将字刮掉，重新填写，案上笔、砚就是为重新填写而备置的。此外，考古发现的毛笔、石砚、墨、书刀等文书工具，也印证了简册的书写方式（图10-13）。简牍对中国书籍和文化的保存与传承产生了重要而久远的影响：以竹木简编连而成的简册是中国书籍的祖先，中国文字由上而下、由右向左的传统书写方式即起源于简册，书本的版式及与书有关的各种名词也起源于简册。造纸术发明后，简牍仍然作为过渡性的书写材料使用过很长的一段时间。

帛是丝织品的统称，写在丝织品上的文字被称为帛书。古人多是先用竹简书写草稿，定本时再誊抄

图13 汉画像石上的擅笔人物

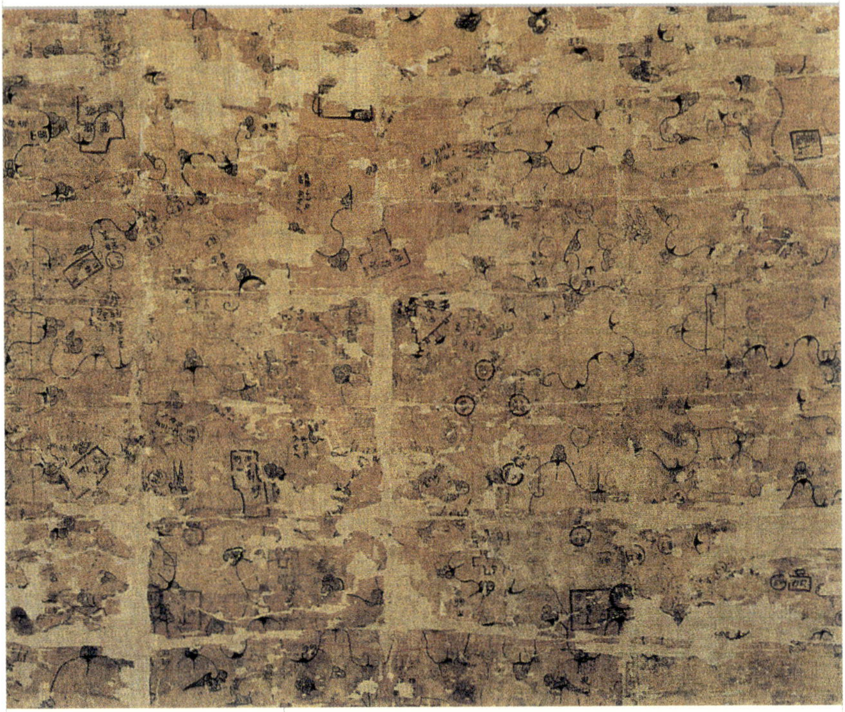

图14 西汉《长沙国驻军图》(湖南长沙马王堆出土)

于帛上。迄今发现最早的帛书是战国时期的,湖南长沙马王堆汉墓发现的大批西汉时期的帛书、帛画和帛质地图则最负盛名(图14)。帛柔软、轻薄,可以任意剪裁、随意舒卷,易于携带,比简牍更适合用作书写材料,但其价格昂贵,普及非常困难。

　　作为书写材料,简牍的缺点是书写量有限、笨重难以携带,而帛则价贵难得,不易普及。随着社会经济与文化的发展,如何创造轻巧、廉价的新型书写材料成为社会发展的迫切需要。造纸术在这样迫切的社会需求和必要的技术准备中应运而生,给人类书写材料带来了巨大变革。

化腐朽为神奇的造纸术

早在公元前2世纪,
中国人就以麻、树皮、藤、竹等植物为原料,
制造出了可以用于书写的纸张。
从此,轻柔的纸张,
成为了传播文明的重要载体。

第二章
化腐朽为神奇的造纸术

中国古人以麻、树皮、藤、竹等植物作为造纸原料,使造纸原料来源丰富,成本低且品质优良;发明和使用纸浆槽、抄纸帘等工具,使纸张的生产效率和质量得以提高。造纸术发明以后,为改善纸的性能,增加纸的美感和艺术性,人们又先后发明了施胶、涂布、染色等多种加工处理方法,创制出许多品质优异、色泽美观的名纸。纸张种类繁多,用途广泛,不仅记载了造纸技术日新月异的演变历程,也体现了在发展进程中人类的智慧。

1. 纸的发明与蔡侯纸

据文献记载,我国在西汉时期已有絮纸。人们在煮漂蚕丝的过程中,将蚕丝置于竹席上打絮,打出的上乘者为绵,剩在竹席上的残絮晾干后取下,成为一层薄薄的絮片,即为絮纸。《汉书·外戚传》中提到用包药的赫蹄写字,赫蹄就是一种絮纸。絮纸虽能写字,但其丝纤维没有像植物纤维纸一样经过打浆、抄造等工序,如果被浸到水中,就会重新分散,因此不是一种真正意义上的纸。受煮漂蚕丝形成絮纸的启迪，人们逐渐在实践中掌握了用废旧麻料代替丝絮造纸的方法。人们最早寻找到的造纸原料是麻，麻主要有大麻、黄麻、亚麻和苎麻，这些原料在中国各地都有出产。以废旧麻料造纸，不仅原料充足而廉价，而且还省去了沤麻工序，打浆工序也更为简便。

根据考古发现，早在公元前2世纪的西汉初期，中国就发明了造纸术，制造出了可以用于书写的纸张。1933年考古学家黄文弼在新疆罗布泊汉代烽燧亭故址中发现了西汉宣帝时期（公元前73-前49年）的一片麻纸。1973年甘肃金塔金关出土了两片西汉宣帝时期和平帝时期（公元1-5年）的麻纸。1978年在陕西扶风中颜村发现西汉宣帝时期的麻纸。1979年甘肃敦煌马圈湾发现五件八片西汉成帝至王莽新朝时期（公元前32年-公元23年）的麻纸（图15）。1986年在甘肃天水放马滩发现了一幅西汉文帝时期（公元前179-前157年）的纸质地图，上面用细黑线条绘制山、川、崖、路等图形，证明西汉初期不仅有纸，而且纸已经作为书写材料使用了（图16）。尤其震惊世人的是，1990年甘肃敦煌甜水井悬泉置遗址出土西汉晚期的纸张四百多件（图17）。这证明当时的造纸数量较大，纸已经作为书写材料，在西北边

图15 西汉麻纸（甘肃敦煌马圈湾出土）

图16 西汉纸质地图（甘肃天水放马滩出土）

郡得到广泛使用。纸的使用不仅在考古发掘中得到证实，也见诸文献记载。东汉建武元年（公元25年），汉光武帝从长安迁都洛阳时，"载素、简、纸经凡二千辆"，说明至迟在西汉末年，国家文件档案除了用简帛书写外，也已使用纸。

图17 西汉带字纸（甘肃敦煌甜水井悬泉置出土）

古代造纸印刷术

东汉时期，纸的使用范围更加扩大。建初元年（公元76年），汉章帝令贾逵选二十人教《左氏传》，并给"简纸经传各一通"。和帝元兴元年（公元104年），蔡伦改进造纸术，成为这项技术逐渐完善和普及的过程中一位重要的人物（图18）。蔡

图18 蔡伦像

伦（?－公元121年），东汉桂阳（今湖南彬州）人，曾任主管御用器物的尚方令，安帝元初元年（公元114年）被封为龙亭（今陕西洋县）侯。他使用麻头、弊布、渔网等废旧麻料作为造纸原料，降低了纸张成本；将树皮添加到造纸原料中，经过反复舂捣、沤制脱胶、强碱蒸煮等工序进行处理，研制出楮皮纸的制造技术。可以说，蔡伦总结了西汉以来造麻纸的经验，并进行了改进，不仅扩大了造纸原料的选择范围，还开辟了后代皮纸制造技术的先河，实现了造纸技术史上一项重要的突破。后人将蔡伦改进制造的纸称为"蔡侯纸"。蔡伦改进造纸术后，我国已形成了一套完整的造纸工艺，麻纸质量有了很大提高。1974年在甘肃武威旱滩坡东汉末年古墓中发现了三层黏在一起的纸，纸面平整，涂层均匀，纸上有用汉隶写成的字，其中字迹明显可辨的有"青贝"等字（图19）。科学分析表明，

图19 东汉纸（甘肃武威旱滩坡出土）

旱滩坡纸至少经过了浸湿、切碎、洗涤、浸灰水、蒸煮、舂捣、二次洗涤、打浆、抄纸、晒干、揭压等多道工序,显示了在制造工艺上较前代有很大改进。类似的书写用纸在甘肃兰州伏龙坪(图20)和新疆、内蒙古、甘肃也有大量发现。

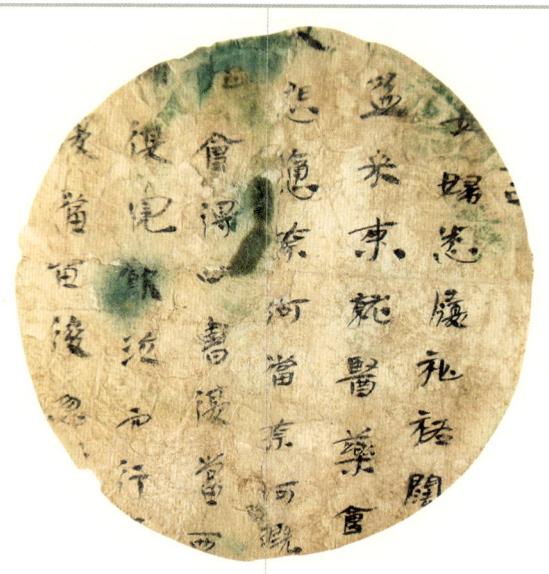

图20 东汉书信用纸(甘肃兰州伏龙坪出土)

2. 晓雪春冰:成熟的造纸术

随着纸的逐渐普及,人们开始重视纸的加工技术。由于早期造纸技术不是十分完善,所制造的纸张相对粗糙,书写时会出现洇水现象。为解决这些问题,造纸工匠们发明了纸的加工技术——砑光。砑光是用光滑的砑石将凹凸不平、粗糙的纸面磨平、砑实,将纸面的刷痕消除,经过砑光处理的纸张平滑而有光泽。东汉末年,在山东东莱出现了造纸名家左伯,人称左伯纸"妍妙生光",这种纸可能就是经过砑光加工的。它制造精细,平滑洁白,是人们所公认的最佳书写材料。纸在书写领域内的优势逐渐显示出来,正像晋人傅咸在《纸赋》中所称赞的,用纸写信,既可免于传递笨重简牍之苦,又可节省昂贵缣帛之资,纸的质美、价廉、轻便、适用的特性得以体现。纸的发明无愧于人类书写材料划时代的革命。

古代造纸印刷术

两汉时期发明的造纸术在晋唐时期进入全面发展阶段。麻、藤、楮树皮、桑树皮、竹等各种新的造纸原料得以不断应用，床架式抄纸帘等造纸设备的创新，施胶、涂布、染色等造纸工艺的出现和改进，使纸张的质量不断提高，用途更加广泛。"晓雪"、"春冰"是当时古人对洁白轻飏纸张的赞美，是造纸术不断进步的写照。"舒卷随幽显，廉方合轨仪。莫惊反掌字，当取葛洪规"，则表现了古人对纸的珍惜。

两晋南北朝时期，麻纸的生产进入鼎盛发展阶段。麻纸的质量比前代有了很大提高。麻纸的表面由粗糙变得平滑洁白，更适于书写。甘肃敦煌出土的写经麻纸，色泽洁白，表面光滑，纸质坚韧，表现出高水平的麻纸制造技术（图21）。隋唐时期，藤皮、楮树皮、桑树皮和竹等新原料逐渐成为主要的造纸原料。其中唐代的藤纸生产创造了中国皮纸制造技术上的第一个高峰，浙江剡溪的藤皮纸尤其名闻天下。藤纸表面光滑、细密，而且十分耐用，唐代的朝廷、官府文书都使用这种品质优良的藤纸。但由于藤的生长地区有限，成长缓慢，生长周期长，而对藤林的过度采伐造成了资源的严重破坏，致使原料逐渐匮乏，藤纸产量日趋减少，逐渐退出了历史舞台。以楮树皮和桑树皮为原料的皮纸生产则发展迅速，改变了东汉以来麻纸生产占主导地位的局面。楮皮纸和桑皮纸的原料来源丰富而且价格低廉，制造出来的纸表面平滑洁白且绵软细薄，比麻纸更适宜高级书画之用，逐渐成为古代主要用纸。唐韩滉所绘的《五牛图》使用的是桑皮纸（图22），唐冯承素摹王羲之的《兰亭序》使用的是楮皮纸（图23）。唐代还出现了以芙蓉皮和芙蓉花瓣为

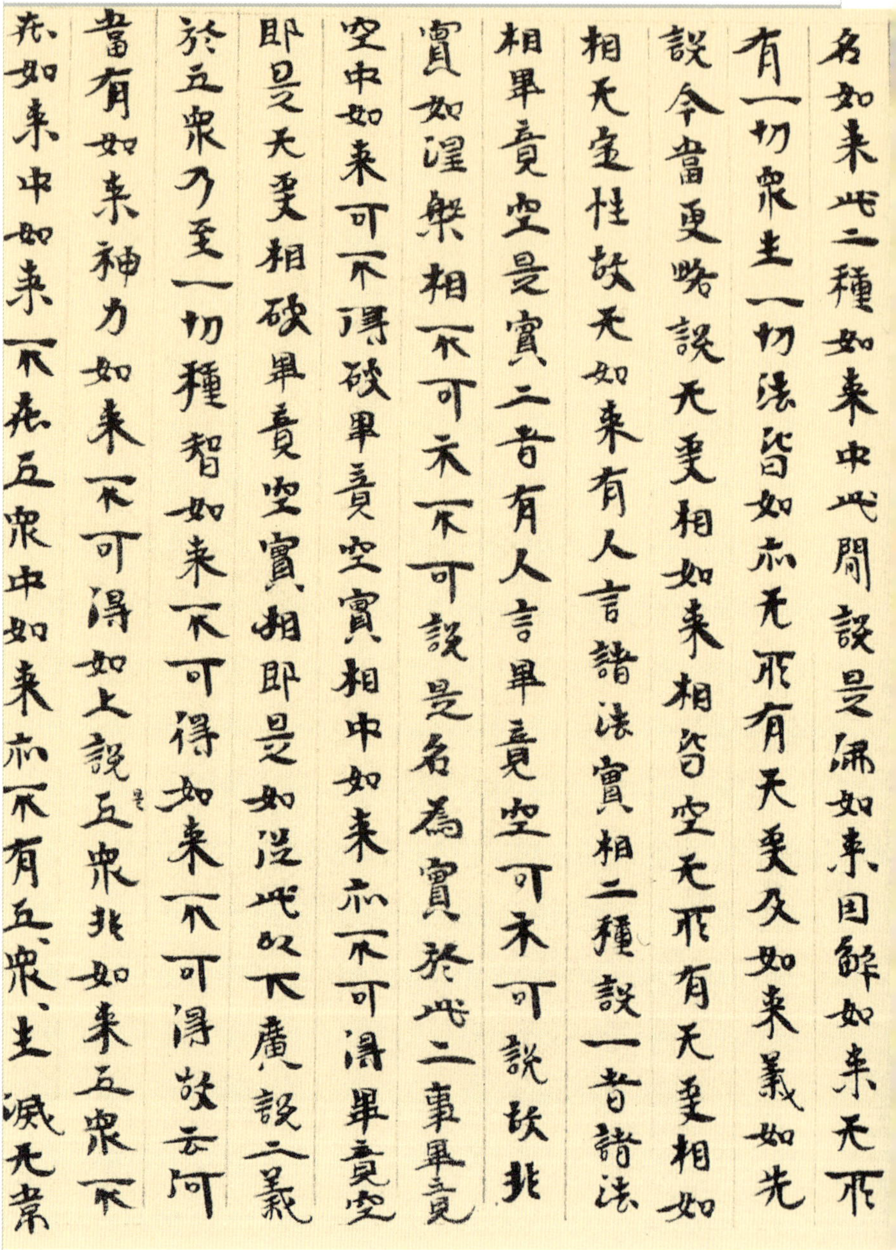
名如來此二種如來中此間說是佛如來因解如來无形
有一切衆生一切法皆如亦无形有无受及如來義如先
說今當更略說无受相如來相皆空无形有无受相如
相无定性故无如來有人言諸法實相二種說一者諸法
相畢竟空是實二者有人言畢竟空可示可說故非
實如涅槃相不可示不可說是名為實於此二事畢竟
空中如來可不得破畢竟空實相中如來亦不可得畢竟空
即是无受相破畢竟空實相即是如涅槃此以下廣說二義
於五衆乃至一切種智如來不可得如來不可得故云何
當有如來神力如來不可得如上說五衆是非如來五衆不
衆、如來中如來不在五衆中如來亦不有五、衆、生滅无常

图21 北凉书于麻纸的《大智度论》（甘肃敦煌出土）

定有如来者无如来云何有形美神力又復離无美相如来亦不可得今離是如来不可得問曰无美相与如有何業異答曰諸法實相亦名无美亦名如諸法不可得善故美名諸戱論不能憶破敌名為如今如来空中不可得離空亦不可得須菩提然其言如是今須菩提廣說其事无美相如相中如来不可得者亦此儒名為如来亦以衆生名字名為如来亦世亦如是亦如去者為无亦无兆有兆十四實難中說死後如去者如无儒名如来者如是故名如来如定光儒等所不後羅蜜得戒儒道释迦无儒亦如是故名如来如定光儒等知諸法如法如中来故支婦亦如是来如敌名如来如定光儒亦如是敌名如来释迦支尼儒亦如是

图22 唐代韩滉绘于桑皮纸的《五牛图》

原料制成的"薛涛笺",以藻类植物为原料制成的微带绿色、纹理纵横的"侧理纸"。五代十国时期,澄心堂纸的出现是中国皮纸制造技术上的第二个高峰。澄心堂是南唐烈祖李昪在金陵(今江苏南京)宴居、读书及批阅奏章的殿室,南唐后主李煜命令官局监造名纸储存于此,因而得名"澄心堂纸"。该纸的制造要求很高,纸工们要在冬季寒溪中浸泡楮皮,在腊月冰水中荡帘抄纸,然后刷在火墙上烘干,而且在抄纸时对纤维的提纯非常重视,以此法制成的纸"滑如春冰密如茧"、"细薄光润"。李煜将"澄心堂纸"称为"纸中之王",只供御用,偶尔颁赐群臣,可见此纸的品质之高。澄心堂纸传世非常稀少,从北宋一直到清乾隆年间都有仿品出现。宋代书法家米芾的《苕溪诗》乃是用澄心堂纸书写而成(图24)。

这一时期,造纸技术比前代有明显提高。首先,由于纸料的蒸煮、舂捣和漂洗过程得到了加强,纸张

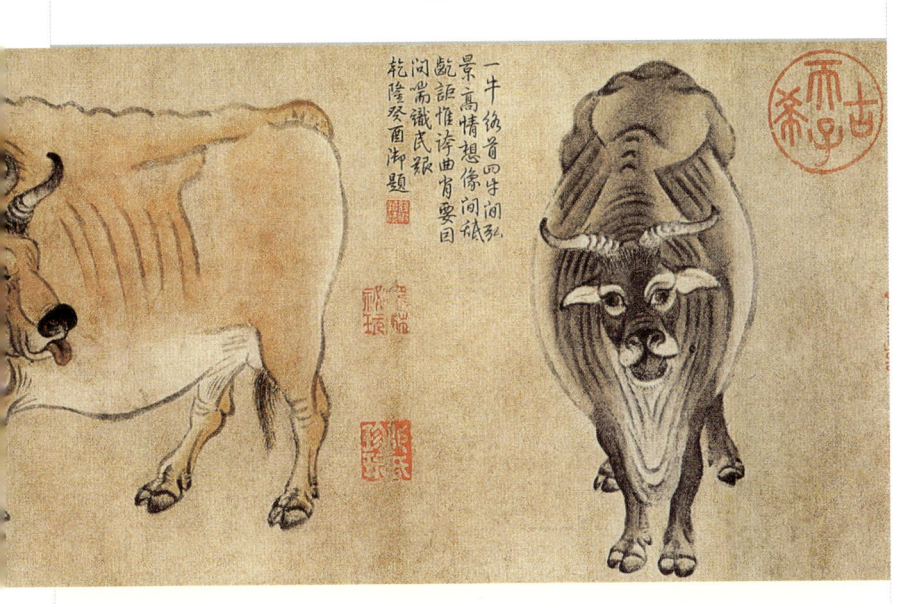

图23 唐代冯承素书于楮皮纸的《兰亭序》

的白度得以增加，结构变得较紧密，纸面更加平滑。其次，床架式抄纸帘这种抄纸工具的发明更是引发了造纸技术史上的革命。该设备由帘床、竹帘和捏尺三部分组成，可以自由组合和分离，操作极为方便，又称"活动抄纸帘"（图25）。纸张质地的精密在一定程度上取决于抄纸帘的构造，床架式抄纸帘的应用使纸张变得薄而匀细，进而提高了纸张的质量。床架式抄纸帘的应用还极大地提高了生产效率。在床架式抄纸帘发明以前，纸要在帘模上晒干后揭取，而使用新的床架式抄纸帘则不用等待纸在帘模上干燥，随抄随揭，可在同一帘模上连续抄造出千万张纸。此外，创

图24 宋代米芾书于澄心堂纸的《苕溪诗》

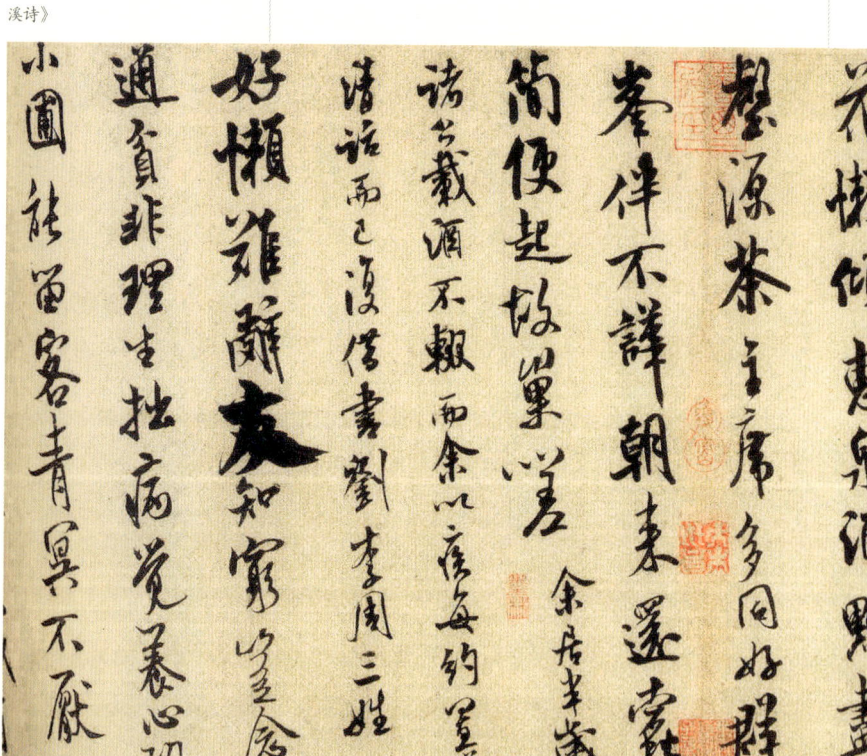

新了施胶、涂布、施蜡、染色、施粉、洒金银、描金银等加工和处理纸的新方法，增强了纸张的实用性和艺术性。

　　施胶、涂布、施蜡等技术主要用于改善纸的性能，将纸面纤维间的毛细孔堵塞，使纸不至于因吸墨而发生晕染现象，使纸更适宜用墨书写。施胶是在造纸过程中将动物、植物、淀粉等胶剂掺入纸浆中或刷在纸面上，使纸的结构变得紧密，纸面更加平滑，纸的可塑性、抗湿性和不透水性都得以提高。我国至迟在晋代就已经使用施胶技术，比欧洲早1400多年。新疆吐鲁番出土的后秦白雀元年（公元384年）施胶纸

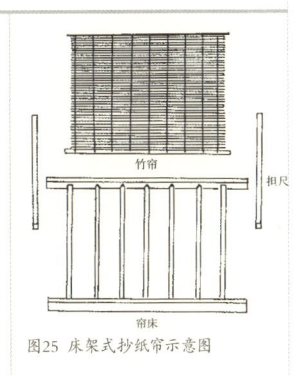

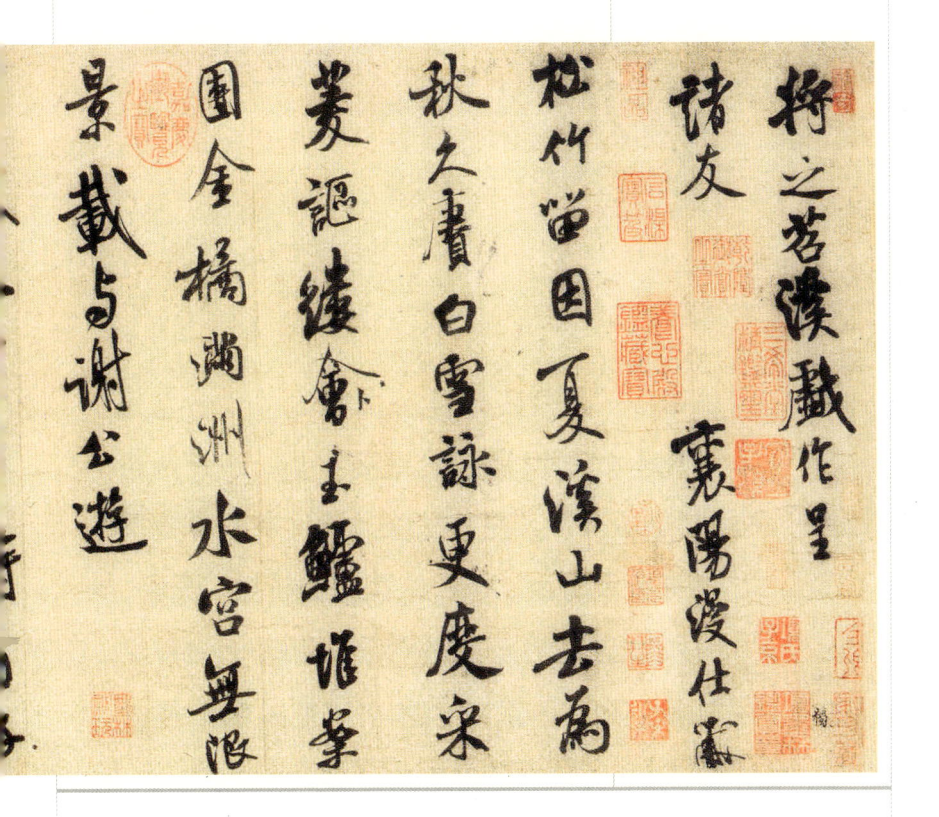

图25 床架式抄纸帘示意图

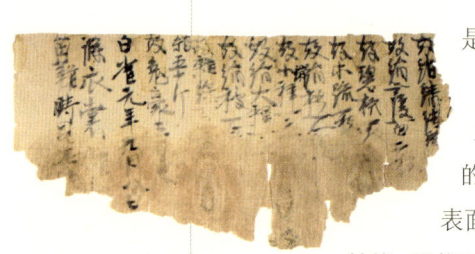

是迄今发现最早的表面施胶纸（图26），到唐代，施胶技术则是使生纸变熟纸的方法之一。涂布技术是对表面施胶技术的改进和技术转换，即将石膏、石灰等矿物粉颗粒用黏性物质平刷在纸面上，这样既可以像表面施胶一样增加纸的白度和平滑度，改善了纸张的吸墨性，还能克服表面施胶给纸带来的脆性和胶易脱落等现象。1965年新疆吐鲁番出土的《三国志》残卷所使用的纸张就使用了涂布技术（图27）。施蜡法始见于隋唐时期，它是将蜡均匀地涂在纸面上，使纸不仅透明度高，而且纸面光滑并具防水性。硬黄纸即后世所说的"黄蜡笺"，是唐代使用施蜡法生产的最著名的纸张，安徽省博物馆藏隋代经卷《法华大智论》就是写于硬黄纸之上（图28）。

施胶、涂布、施蜡等技术主要是通过改善纸的性能来减轻纸在书写过程中存在的不足，而染色、砑花、洒金等技术则是为了美化纸的外观，适用于一些特殊需求。染色技术是使用天然颜料将素色纸染成有色纸的方法，既增加了纸的美观又改善了纸的性能。南北朝时期流行使用以黄檗汁染成黄色的染黄纸，黄檗汁既是黄色染料又能杀虫防蛀，对保护纸张和书籍具有良好的功效。黄色不刺眼，可长时间阅读而不伤目。在黄纸上写字，如有笔误，可用雌黄涂后再写，所谓

图26 后秦白雀元年施胶纸（新疆吐鲁番出土）

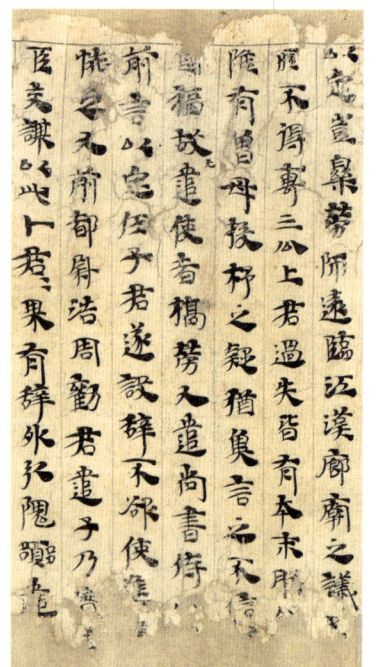

图27 东晋使用了涂布技术的《三国志》残卷（新疆吐鲁番出土）

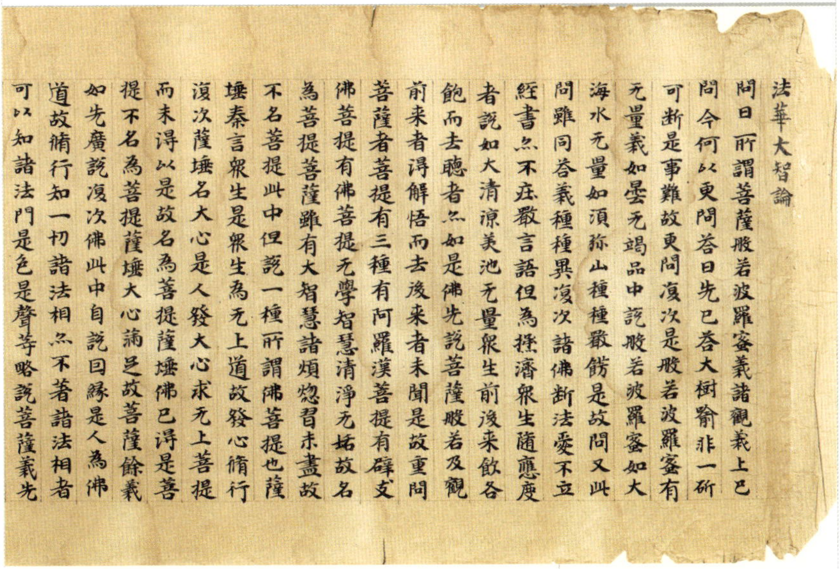
法華大智論
問曰所謂菩薩般若波羅蜜義諸觀義上已
問今何以更問答曰先已答大樹喻非一所
可斷是事難故更問復次是般若波羅蜜有
无量義如曇无竭品中說般若波羅蜜如大
海水无量如須彌山種種嚴飾是故問又此
問雖同答義種種異復次諸佛斷法愛不立
經書亦不莊嚴言語但為拯濟眾生隨應度
者說如大清涼美池无量眾生前後来飲各
飽而去聽者亦如是佛先說菩薩般若及觀
前来者得解悟而去後来者未聞是故重問
菩薩者菩提有三種有阿羅漢菩提有辟支
佛菩提有佛菩提无學智慧清淨无垢故名
為菩提菩薩雖有大智慧諸煩惱習未盡故
不名菩提此中但說一種所謂佛菩提也薩
埵秦言眾生是眾生為无上道故發心脩行
復次薩埵名大心是人發大心求无上菩提
而未得以是故名為菩提薩埵佛已得是菩
提不名為菩提薩埵大心滿足故菩薩餘義
如先廣說復次佛此中自說因緣是人為佛
道故脩行知一切諸法相亦不著諸法相者
可以知諸法門是色是聲等略說菩薩義先

图28 隋代书于硬黄纸的《法华大智论》

“信笔雌黄”即由此来。当时，许多经文都是抄写在染成黄色的麻纸上（图29）。除染黄纸外，这一时期还有染成青、红、桃红等各种颜色的纸张，唐代著名的“薛涛笺”就是应用染色技术制成的一种小型的深红色笺纸。砑花技术是将雕有纹理或图案的木版用强力压在纸面上，使纸面呈现出无色的纹理或图案，后世各国通行的证券纸、货币纸和某些文件及书信用纸就是根据这些原理制成的，唐代著名的“鱼子笺”就是使用砑花技术制成的。洒金技术是借鉴漆器和丝织品装饰技术而发明的纸加工技术，即将金银片或金银粉涂饰在纸上，称为金花纸、银花纸或洒金银纸。水纹纸是一种纸面上有暗花的纸，其制作方法是在抄纸竹帘上用线编成纹理或图案，凸起于帘面，抄纸时此处浆薄，故纹理发亮而呈现于纸上，具有内在的美感。社会对纸的需求，促进了纸张品质的改进，各种加工技术的出现,是造纸技术进步和美化历程的再现。

当然,好的纸不可能完全采用一种加工方法,而是综合使用几种方法制成,以达到更好的使用效果,如硬黄纸就是采用染色和涂蜡两种方法加工而成。晋唐时期还制造了"凝霜纸"、"墨光纸"、"白滑纸"、"冰翼纸"等名纸,这些名纸不是按照造纸原料或纸的加工技术命名的,而是根据纸的特点赋予其高雅的名称,这从另一方面说明了我国古代所造的纸张既实用又具有很强的艺术性。"烘焙几工成晓雪,轻明百幅叠春冰。何消才子题诗外,分与能书贝叶僧。"这是

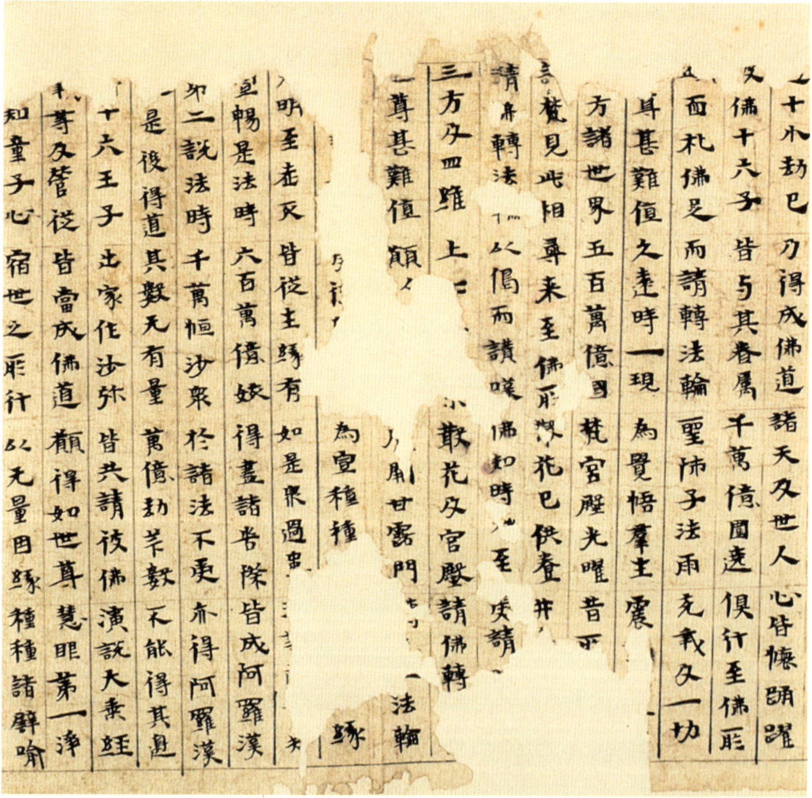

图29 北魏书于染黄纸的《华严经》

对古代造纸工匠高超技艺的盛赞。

魏晋南北朝时期是我国纸张使用的重要转折时期。虽然西汉时期已经发明了纸,但公元2—3世纪时,仍有大量的简牍作为书写材料。1996年湖南长沙走马楼发现数十万枚三国孙吴时期的简牍,即是这一史实的最好反映。公元4—5世纪时,简牍的使用才逐渐减少,纸的应用逐渐增多。公元404年,东晋豪族桓玄颁布"以纸代简"令,终止了简牍书写的历史,纸终于成为主要的书写材料。由于纸大量用于公私文件的书写,推动了纸的普及,而抄书之风的盛行,进一步扩大了纸的使用范围。西晋时,著名文学家左思曾作《三都赋》。此文问世后,在京城洛阳广为流传,人们竞相传抄,造成了洛阳市场上的纸价一时间昂贵了几倍,原来每刀仅千文的纸一下子涨到两千文、三千文,后来竟倾销一空,许多人只能到外地买纸来抄写,以致当时流行有"洛阳纸贵"的说法,反映了当时抄书风气的盛行。由于纸张的普遍应用,促进了书籍的发展,纸本书籍逐渐代替了简册,大量的文献著作被保存流传下来。晋唐时期,用于抄写书籍的纸张用量巨大,这从当时政府的藏书数量上可以窥见一斑。西晋初期官府藏书达29945卷,东晋孝武帝时官府藏书达36000卷,另外,还有许多无法统计的内容涉及历史、地理、文集、科技著作、语言文字等各个方面的私人藏书。此时的纸张还大量用于抄写佛经,为佛教文化在中国的传播提供了便利的条件。佛教在两汉之际传入中国,从汉灵帝(公元168—189年)时开始就有人从事翻译佛经的工作。大量佛教经典的翻译,对中国文化、社会生活和学术研究都产生了深刻影响。人们对佛教尊崇的主要表现形式是雕造佛像和抄写佛经。隋唐时期，抄写佛经的风气达到了惊人的地步，佛教僧侣亦鼓励信徒大量抄写佛经或从寺院购买抄写好的佛经，以得到佛的保佑。纸张还将中国的书法、绘画艺术带进新的境界。绵软、洁白、光滑的纸张作为文房用品，成为最具中国文化特色的书法、绘画艺术的重要载体。故宫博物院所藏的西晋书法家陆机的《平复帖》是我国早期的法书墨迹，字体端美凝重，笔锋圆浑遒劲，是典型的晋代书法作品。晋代出现王羲之、王献之这样杰出的书法家，在一定程度上应归功于纸的普及（图30）。用毛笔在狭窄的竹简上写字，空间上受到很大局限，即使在较宽的木牍上书写，也难以充分施展，而洁白、平滑、柔韧的纸为书法家们提供了更好的笔墨技巧的展示空间，他们在纸上纵情书写、绘画，笔墨的艺术魅力得以充分展示。在书法创造的同时，汉字字体也开始发生变化。晋以后，汉字书体在承袭篆、隶余风的基础上，开创了楷、行、草等新书体。纸张也逐渐成为绘画的材料，1964年新疆吐鲁番阿斯塔那出土的东晋时期《墓主人生活图》纸画是现存最早的纸本绘画作品，绘画用纸由六张小纸拼接而成（图31）。纸作为绘画媒介的优势已初现端倪。除上述用途之外，纸在其他领域也有所应用。唐代纸质的"飞钱"作为票据曾在一定范围内代替金属货币使用，

图30 晋代王献之书《东山松帖》

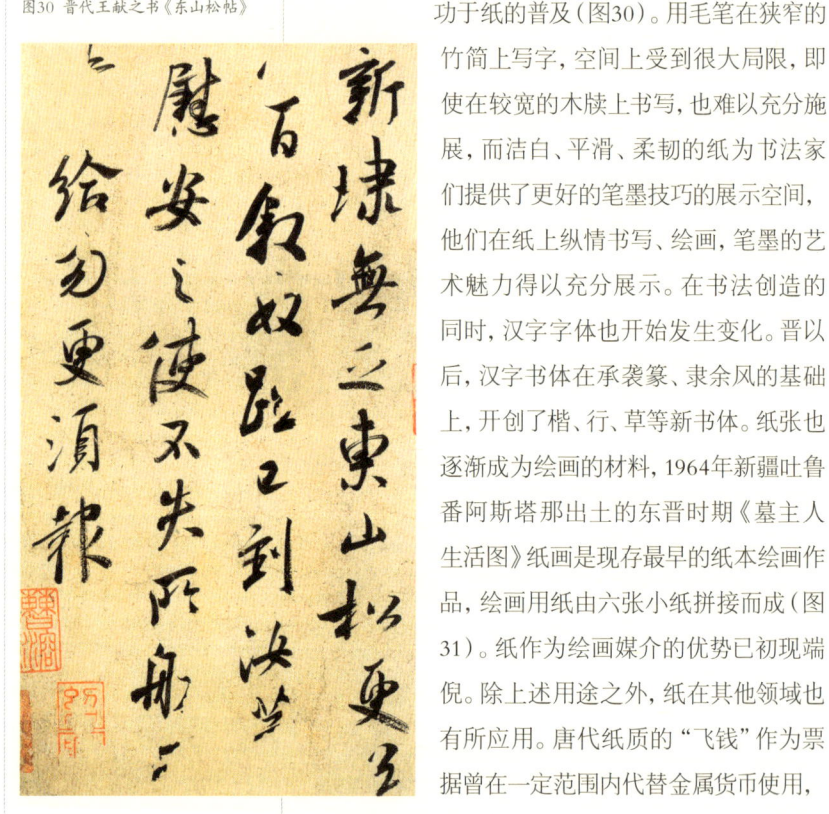

类似于现代的汇票，可视为纸币的先驱。唐人还用藤纸包装茶叶，用纸质屏风装饰家居（图32），用纸质冥器、冥钱来进行祭祀，新疆就曾发现唐代的纸质冥器、纸帽、纸鞋、纸棺、祭祀鬼神的纸钱等。此外，有些陶俑的手臂也是用纸做成的（图33）。

图31 东晋《墓主人生活图》（新疆吐鲁番阿斯塔那出土）

图32 唐代花鸟图纸质屏风

图33 唐代用纸作手臂的陶俑（新疆吐鲁番阿斯塔那出土）

3. 云衣素魄：造纸技术的广泛应用

宋至明清时期，随着印刷术的盛行，纸张的需求量急剧增加，进一步刺激了造纸业的发展，原有的原料已不能满足需求，人们不断寻找新的原料。以竹子、稻麦秆为原料以及以竹子和麻、树皮等为混合原料的纸张不断问世，为造纸业的发展开辟了新天地。造纸技术日趋成熟，可以抄制出当时世

界上最大的匹纸,制造出品种繁多的加工纸及各种艺术纸。纸张的生产可以根据不同的用途采用不同的原料和制作方法,充分满足社会对纸张的需求。此时,纸既可用于印刷、抄写书籍,还可用于制造钱币、制作日常用品及娱乐用品等。

  我国至迟在唐代时已使用竹作为造纸原料,自宋代开始,竹子成为造纸的主要原料之一,这是我国造纸业出现的重要转变。竹纸是以嫩竹为主要原料,将整个竹子的茎杆加工后所造出的纸张。竹纸比其他纸品在原料和制法上有明显的优势。我国盛产各种竹材,且竹的成长速度快,廉价易得,因而竹纸比其他原料的纸张成本低、产量大。竹纸的制作方法简单,之前以麻、桑、楮、藤等长纤维原料生产的纸张,抄纸之前要在备料、打浆时将原料适当切短,打浆强度较大,而竹的纤维较短,容易打浆,因此竹纸的原料处理过程相对容易。竹纸还以其表面平滑,受墨性好,容易运笔,墨色不变等特性,受到人们的普遍欢

图34 明代的竹纸

迎，成为宋代以后的主要纸品。宋代竹纸生产的发展，标志着中国造纸技术上的重要进步。从造纸学原理看，由麻纸发展到皮纸是造纸技术的一大进步，造纸原料从使用木本植物的韧皮发展到使用整个植物茎杆，是造纸进步的又一标志。使用整个茎杆为原料制造竹纸，既节省了原料，又开辟了木浆造纸的先河（图34）。

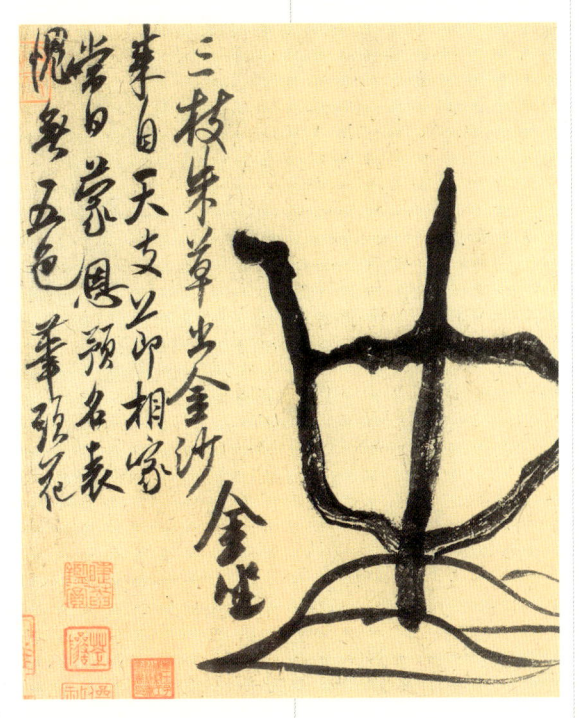

图35 宋代米芾书于竹纸的《珊瑚帖》

北宋时期制造竹纸的技术尚不成熟，生产的竹纸产品比较粗糙，纸质脆弱，不堪折叠，使用的原料多为本色原料，尚无漂白工序，因此纸呈浅黄色，人称"金版纸"，宋代米芾的《珊瑚帖》使用的就是浅黄色的竹纸（图35）。明代中叶改进了宋代制造竹纸的不足之处，制造出了质量更高的竹纸。明代宋应星《天工开物·杀青》中完整记载了竹纸的生产过程，还绘制了竹纸生产过程中砍竹浸沤、蒸煮竹料、荡帘抄纸、烘纸等主要工序图（图36），标志着竹纸生产技术的成熟。具体表现在原料处理方面，由原来的用"生料"改为用"熟料"；为使纸面光滑、细薄，采用了反复蒸煮和漂洗的方式提高纸浆中纤维的纯度；将原料长时间放置在露天环境中，使用"天然漂白法"

图36 明代宋应星著《天工开物》制纸工序图

来增加纸张的白度。通过一系列的技术改进，明代竹纸的质量超过了前代，其品质堪与皮纸相媲美，完全能够适用各种需要，出现了被朝廷指定为贡品的江西铅山生产的玉版纸和江西、福建生产的用于印刷书籍的"连史"、"毛边"。清代，竹纸生产技术又有所改进，通过不断改进蒸料、洗料工序，延长日光曝晒时间和增加翻料次数等方法进一步提高了竹纸的白度，清代后期漂白竹料的技术达到了最高水平。

在竹纸崛起的同时，皮纸生产技术仍有发展，优秀的皮纸品种层出不穷。宋元时期皮纸产量大、质量高，书画、刻本及公私文书多使用皮纸。宋代著名的皮纸是"金粟山藏经纸"，多以桑皮制成，元代著名的内府御用艺术加工纸"明仁殿纸"和"端本堂纸"也是桑皮纸。由于皮纸质地上乘，适宜创作泼墨山水及水墨写生的绘画作品，书画家更愿意选择在皮纸上书写、绘画，宋代书法家米芾书写《苕溪诗》使用的是楮皮纸，元代画家黄公望的《溪山雨意图》使用的是表面洁白平滑的皮纸（图37）。除用于书写、绘画外，皮纸还有其他多方面的用途。南宋廖氏世采堂刻的《昌黎先生集》是用白色桑皮纸印制的（图38），北宋的"交子"、南宋的"会子"、元代的"至元宝钞"等纸币也是使用皮纸印制的。明清时期，我国皮纸制造技术发展的最后一个高峰当属宣纸的生产。宣纸因最早产于宣州（今安徽省）而得名，它洁白柔韧，表面平滑，受墨性好，易于书写和保存，是中国著名的书画用纸。上等宣纸是以纯檀皮为原料，普通宣纸以檀树皮和禾杆混合制成。宣纸生产的技术性要求极高，它继承了以五代澄心堂纸为代表的皮纸制造技术，又融汇了明代宣德纸的制造工艺，成为中国皮纸的杰出代表。宣纸的纸质上乘，颜色洁白，即便保存很久，仍可保持原来洁白如玉的光彩，因而有"纸寿千年，墨润万变"的称誉，明清时期宫廷、官府公文及书画多使用宣纸（图39）。

除上述竹纸、皮纸外，宋代还发明了制造混料纸的技术，创造了我国造纸技术上的独特方法，既兼顾

图37 元代黄公望绘于皮纸的《溪山雨意图》

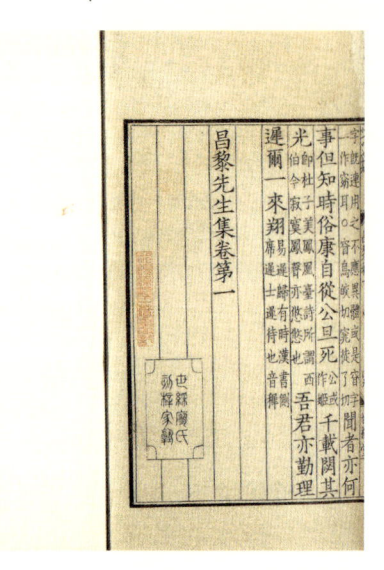

图38 南宋用白色桑皮纸印刷的《昌黎先生集》

图39 清代宣纸

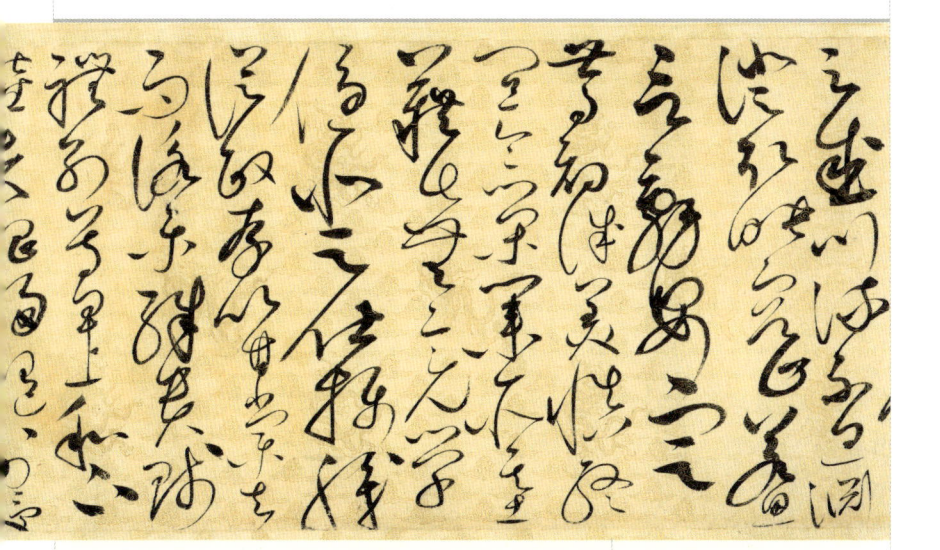

了各种原料的优点，又有一定的技术经济意义。将树皮、麻等造纸浆料按一定比例掺入竹浆中，生产出的竹纸不仅含有皮纸、麻纸的性质，而且成本低。明清时期生产的宣纸也是以檀树皮和楮树皮、稻草等原料混合制成的。宋元时还出现了再生纸的制造工艺，将废旧纸回收处理，与适量的新纸浆混合制成"还魂纸"。宋代还使用稻麦秆作为造纸原料，进一步扩展了造纸原料。稻麦秆比较柔软，舂捣过程短，制纸较容易，但这种以稻麦秆为原料的纸张纸质脆弱，多制成包裹用纸、火纸和卫生用纸。同时，纸药的使用和大幅纸的制造是这一时期造纸技术不断进步的重要写照。纸药是一种黏液，将黄蜀葵、杨桃藤、野葡萄等植物黏液放入纸浆中，一方面可以使纸浆中的纤维悬浮、均匀分散，这样抄出的纸张比较均匀，另一方面能防止抄出来的纸张相互粘连，容易揭开，提高了纸张的生产效率。纸药的发明年代虽没有定论，但两宋时期各地造纸已普遍使

图40 北宋赵佶书于大幅纸的《千字文》

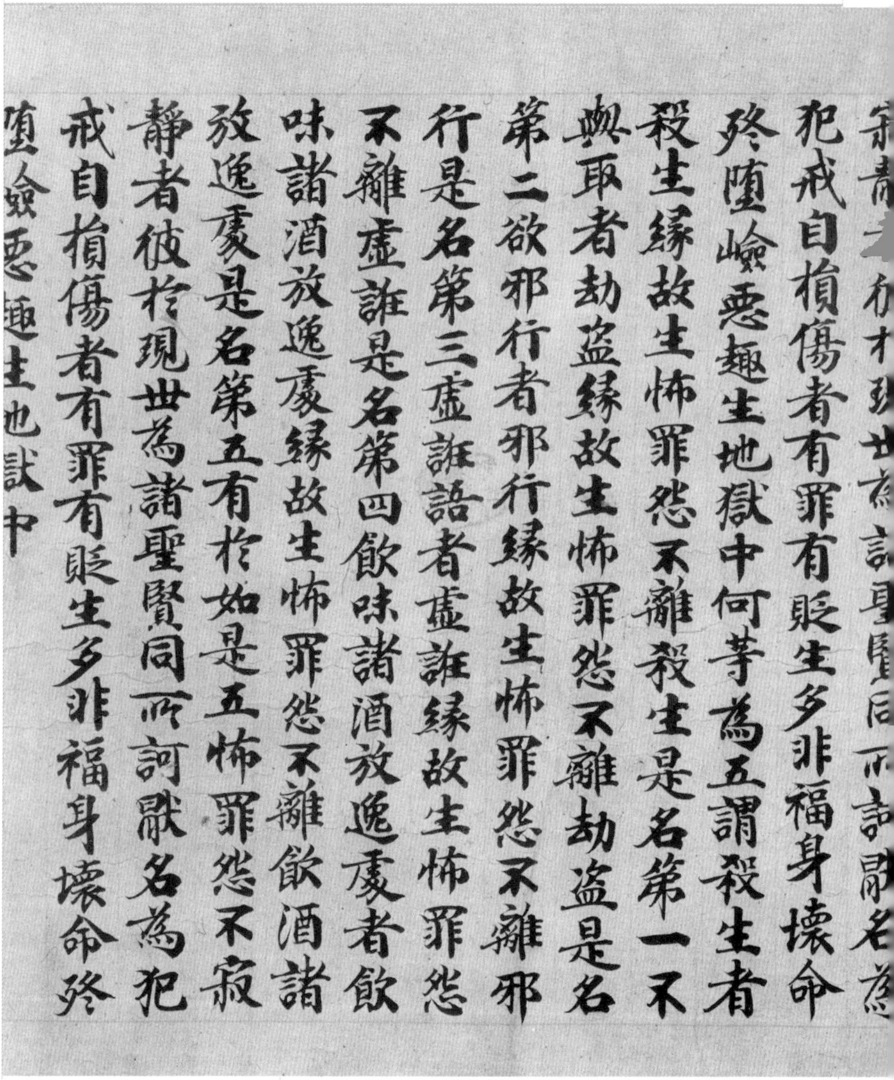

图41 宋代书于金粟山藏经纸的经文

用纸药却是不争的事实。纸药的应用,使宋代抄造大幅纸成为可能。当时工匠使用巨型纸槽,可以抄制出三至五丈(10-18米)的大幅面匹纸,这是当时世界上最大幅的纸,是我国造纸技术史上的辉煌成

阿毗達磨法蘊足論卷第一

海塩金粟山廣惠禪院大藏 同 一十五紙

三藏法師玄奘奉 詔譯

學處品第一

稽首佛法僧　真淨無價寶　令集衆法蘊　普施諸羣生

阿毗達磨如大海　大山大地大虚空　具攝無邊聖法財　令我正勤略顯示

嗢拖南曰

學支淨果行聖種　正勝足念諦靜慮　無量無色定覺支

雜根憂藴界緣起

一時薄伽梵在室羅筏住逝多林給孤獨園

就。制造巨幅纸不仅要求有特殊的造纸设备，如较长的竹帘、大型纸槽和许多熏笼等，而且要求有精湛的操作技巧。宋赵佶草书《千字文》长达10米，中间没有接缝，这是现存抄幅最长的纸（图40）。

而西方各国在19世纪机制纸出现以前一直未掌握大尺寸纸张的制作技术。

这一时期，纸的加工技术不断翻新，出现了品种繁多的名纸。宋代名纸首推金粟山藏经纸（图41），简称"金粟笺"。金粟山位于今浙江省海盐县，山下的金粟寺始建于吴赤乌年间（公元238-251年），北宋熙宁十年（公元1077年）该寺抄写的《大藏经》被称为《金粟山藏经》，所用纸称为"金粟山藏经纸"。金粟山藏经纸大多为桑皮纸，其加工方法继承了唐代硬黄纸的加工技术，采用染黄、施蜡和砑光等加工工艺制成。纸呈黄色或淡黄色，每张纸上都印有"金粟山藏经纸"的红印。金粟山藏经纸制作精细，纸质坚固结实，表面平滑具有光泽，书写效果上乘，虽历经千年沧桑，纸面仍黄艳硬韧，墨色勤泽如初。宋代的水纹纸和砑花纸也有发展，它们继承了唐代的加工技术，制出带有各种优美、复杂图案的诗笺和信笺纸。从现存宋元时期纸质的书画作品中，可以窥见这些纸的面貌，有的是水波纹，有的是波浪纹，有的显现出云中楼阁，还有的呈现出云中飞雁及鱼翔水底的图案。五代时期制作的名纸澄心堂纸在宋代也有仿制，虽然仿品比原来的纸张要薄，但品质极优，深得文人的喜爱。元代的明仁殿纸及端本堂纸是内府御用加工纸，为世人所仰慕，明清时期曾大量仿制。此外，这一时期还有"玉屑"、"屑骨"、"冰翼纸"等名号的纸，从其名称可以看出制造这类纸要有高超的技艺，更见证了宋元时期加工纸的卓越成就。明清时期集历代之大成，制造出一批新的加工纸，还成功仿制了历代名纸。明代最著名的加工纸是宣德纸，宣德纸包括本

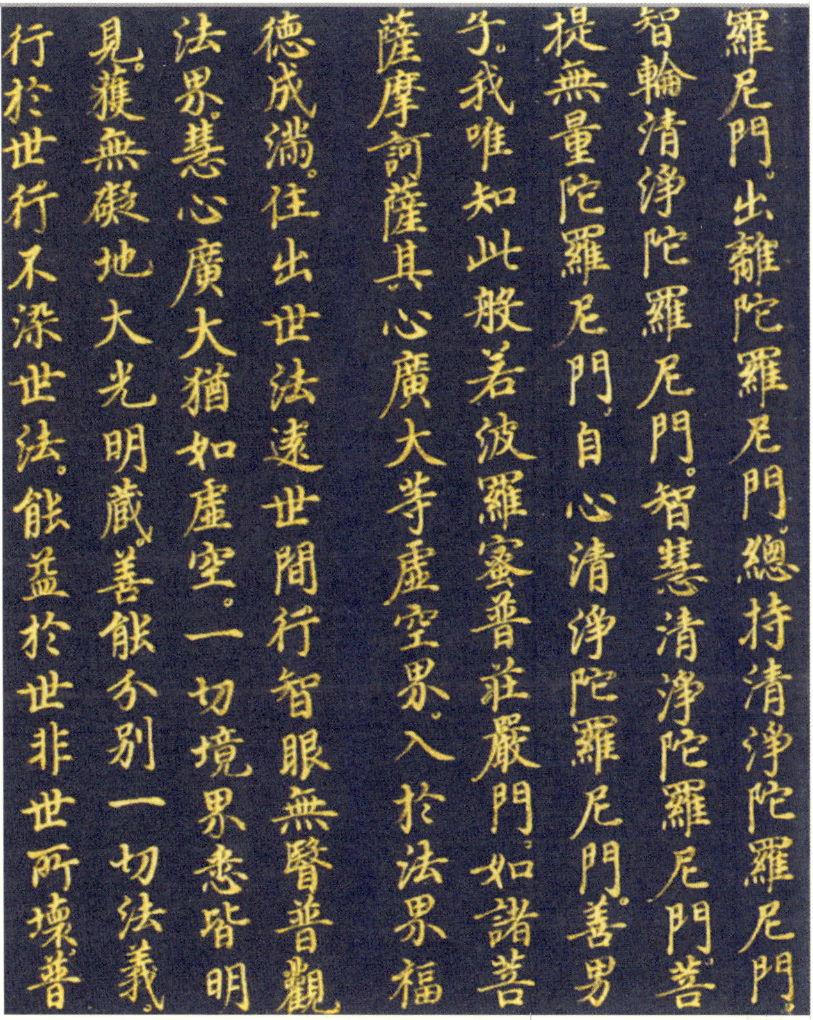

图42 明代书于羊脑笺纸的经文

色纸、五色粉笺、五色金花纸、瓷青纸等许多品种，因在宣德年间（公元1426－1435年）充作贡笺而被称为"宣德纸"。这些纸使用了洒金、染色、涂布、砑光等加工工艺，品质极佳，代表了明代加工纸的最高成就。清初，人们已将宣德纸与五代时期的澄心堂纸并称为稀世名纸。宣德瓷青纸用靛蓝染料染色，其颜色

图43 清代仿明仁殿纸

图44 清代梅花玉版笺

图45 清代虎皮宣纸

与青花瓷相似,所以被称作"瓷青纸"。"羊脑笺"是以宣德瓷青纸为底,将窖藏已久的羊脑和顶烟墨涂布在纸上,再经砑光制成笺纸,这种纸黑如漆,明如镜,用来写经可经久不坏,且不会被虫蛀(图42)。彩色笺纸的制造在明代发展到高峰,除仿制唐薛涛笺和宋金粟笺外,还运用绘画、木刻与印刷技术相结合制造出的各种纹样丰富、色彩华丽的彩色笺纸。其中最著名的是明代胡正言所印的《十竹斋笺谱》和吴发祥印制的《萝轩变古笺谱》。清代制造的加工纸多种多样，凡历史上出现过的加工名纸，均有仿制，五代的澄心堂纸、宋代的金粟笺、元代的明仁殿纸（图43）、明代的宣德纸等应有尽有。清代时还运用多种加工方法制成了许多质量上乘的纸张。"梅花玉版笺"创制于清康熙年间（公元1662－1722年），用粉蜡笺为底，再以泥金或泥银绘出冰梅图案（图44）。此外，还有将优质生宣，经过上矾、施胶后，再染以深浅不一、浓淡色彩各异的虎皮宣纸（图45）；在红色粉笺上用泥金银粉

图46 清代斗方纸

图47 清代云母发笺纸

图48 清代宫黄地古钱纹蜡笺纸

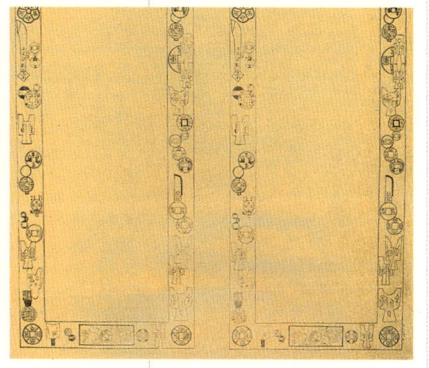

绘制云龙纹的斗方纸（图46）；在纸浆中加入有色的纤维状物质和云母的云母发笺（图47）；采用了染色、施蜡、印花等加工方法制作而成的宫黄地印花古钱纹蜡笺（图48）等等。这些纸将工艺与艺术合为一体，既是书写绘画材料，也是一件件精工细作的艺术品。

  对纸张的保护在这一时期也有新的发明。宋代除沿用汉魏时期用黄檗（niè）汁染纸防蛀的方法外，还发明了用椒汁浸染纸张防蛀的方法。明清时广州一带的竹纸刊本书首尾各附一张万年红纸，这种万年红纸表面涂有一层橘红色的铅丹（图49），可以防虫蛀。

  随着造纸原料的不断扩大，造纸技术和加工技术进一步完善，纸张已经应用于许多的领域，深入到书写、绘画、印刷、商业、娱乐等人们生活的各个角落，成为人们生活中的必需品和知识传播的重要

图49 清代防蛀纸

图50 清代印于开化纸上的《古今图书集成》

载体。这一时期抄写和印刷书籍多使用轻薄柔软的竹纸和皮纸，南宋廖氏世采堂刻印的《昌黎先生集》所用即为皮纸，清雍正年间排印的大型类书《古今图书集成》和清代武英殿印制的殿本书多使用浙江开化产的"开化纸"（图50）。朝廷官府书写文件用纸讲究，多使用以精选竹料制成的厚重而坚韧的纸，称为"公牍纸"。宋代的官诰文书多用造价昂贵的泥金银云凤罗绫纸。明代江西、浙江、江苏出产的玉版纸、奏本纸、榜纸等作为贡品专供宫廷御用及各部使用。

图51 清代书于宣德纸的《招抚郑成功诏书》

明代内府用纸首选宣德纸。明清时期的上等宣纸专供内廷、官府文书和科举榜纸使用(图51)。为了避免携带和运输沉重的金属硬币,纸还用于印制货币。北宋的"交子"、南宋的"会子"、金代的"交钞"、元代的"至元宝钞"(图52)、明代的"大明宝钞"和清代的"官钞"都是以皮纸印制的纸币。造币用纸对纸的质量要求很高,纸币的使用与流通,反映了当时高水平的造纸技术。除印制纸币外,还使用纸印刷其他

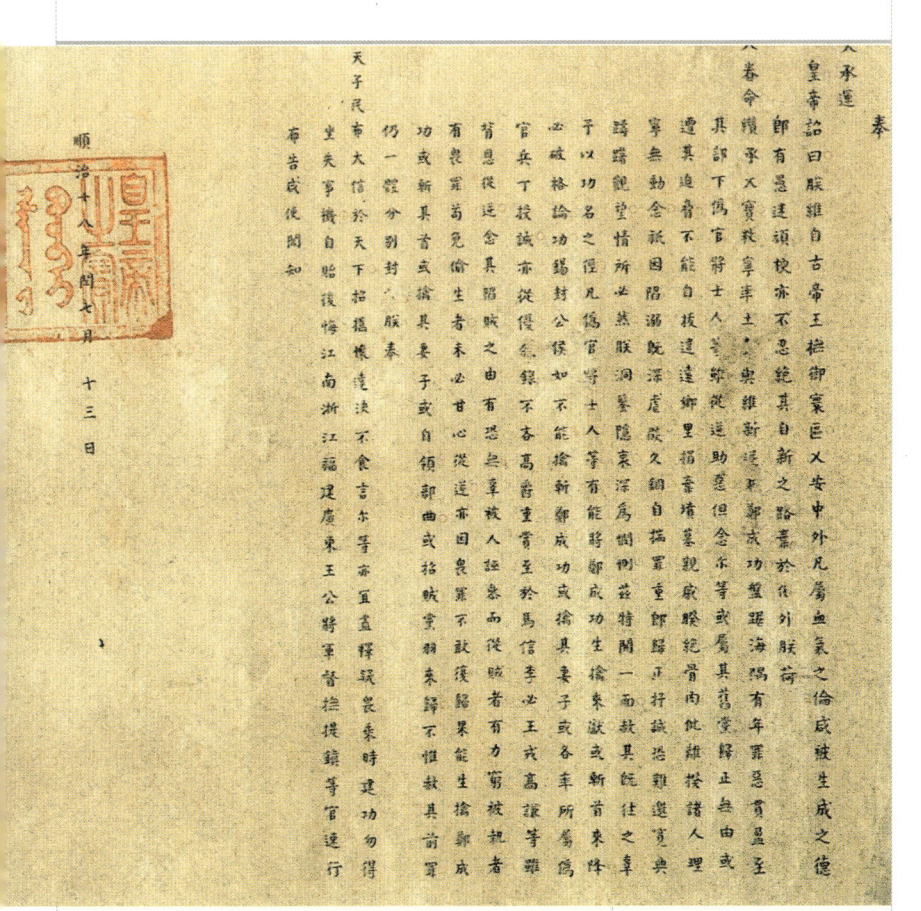

票据，诸如交割茶、盐的茶引、盐引、执照等凭证（图53）。在这一时期，纸已经成为重要的文房用品，纸本绘画逐渐超过了绢本绘画作品的数量。笔墨纸砚被称为"文房四宝"即始于宋代，纸作为其一，见证了中国书画艺术的发展，历代流传下来的纸本书法绘画作品成为古代高超造纸技术的物证（图54）。宋代金石学盛行，薄而坚韧的纸张能够拓印出古代钟鼎、石刻上的文字（图55），为后人留下了大量金石学资料。纸

图52 元代纸币"至元通行宝钞"

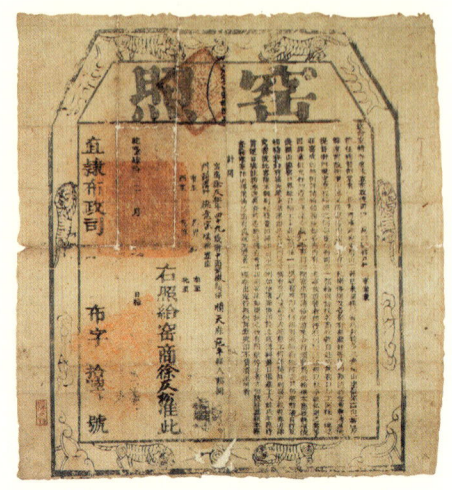

图53 清代煤窑"窑照"

图54 南宋绘画作品《牧牛图》

图56 明代《明宪宗元宵行乐图》纸灯笼图

图55 宋代《玄秘塔碑》拓片

广泛用于日常生活、娱乐游戏等各个方面的实例更是不胜枚举。夏日取风祛暑的纸扇、防雨所用的纸伞、照明用的纸灯笼（图56）、装饰家居的墙纸、屏纸（图57）、包裹物品的包装纸等是日常生活中必不可少的物品。游戏用的纸牌（图58）、纸图、纸面具、纸风筝（图59）以及鞭炮的火药包和引线等都是纸制品。

"草木轻身心自远，云衣素魄志偏长"，以草木为源的轻柔纸张，成为传播文明不可或缺的重要载体。

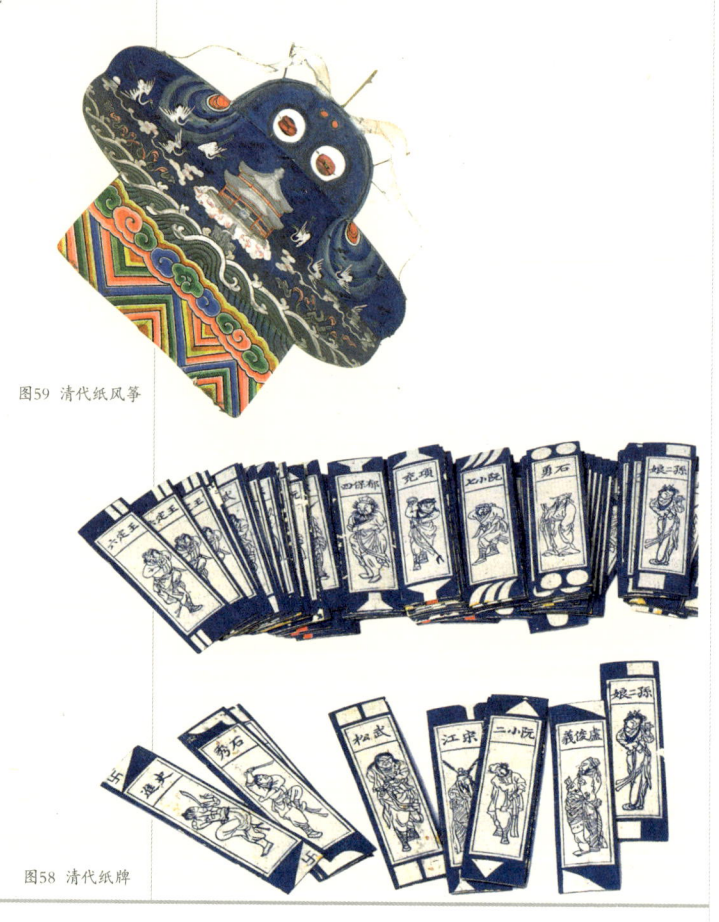

图57 清代屏纸

图59 清代纸风筝

图58 清代纸牌

古老的转印术

纸和墨是图文转印的重要媒介,
更是印刷术发明与应用的必要物质条件。
雕刻、钤印、墨拓、刷印和捺印等古老的转印技术
为印刷术的发明,
做了直接或间接的技术准备。

第三章
古老的转印术

纸和墨是图文转印的重要媒介,更是印刷术发明与应用的必要物质条件。雕刻、钤印、墨拓、刷印和捺印等古老的转印技术为印刷术的发明做了直接或间接的技术准备。

1. 转印媒介

印刷使用的基本材料是木板、墨和纸。在这些物质条件中,纸是印刷术发明的最重要的先决条件,我国在西汉时期已发明了纸,自汉魏时期起,纸逐渐应用于书写、绘画、装饰等各个领域,并成为日常生活中不可缺少的用品。特别是大量的纸张用于书籍的抄写,纸与书之间建立了密不可分的联系,这是印刷术发明的重要铺垫。而墨也是书写和印刷不可缺少的材料,我国很早就已发现并使用墨。根据考古发现,在秦晚期已有调制成型的墨丸,湖北云梦睡虎地秦墓出土的墨锭,虽墨粒粗糙但墨色黝黑。汉代时已使用松烟中的炭黑制墨,宁夏固原出土的东汉松塔形墨锭,它黑腻如漆,烟细胶清,手感轻而坚致,虽埋藏地下千年,

图60 东汉塔形墨(宁夏固原出土)

并未剥蚀龟裂,是汉墨中的精品(图60)。到南北朝时期,我国已拥有成熟的制墨经验和高超的制墨技术,为印刷术的发明准备了又一不可缺少的物质条件。

2. 技术先驱

任何一项新技术的发明,都有与之相近或相关的技术作为先导,为其发明和实践提供经验和启迪。我国人们早已熟练使用的多种转印技术就是雕版印刷术发明的技术先驱,它包括将印章印在泥土或纸上的钤印技术,从石碑上拓取碑文的墨拓技术,用镂花版在纺织物上印制花纹的刷印技术。此外,在印章、石碑上刻写文字的雕刻技术更与雕版印刷术的发明有着直接的联系。

钤印技术对雕版印刷术的发明具有启迪作用。在简牍与缣帛作为书写材料的时代,印章不能直接钤印在书写材料上,而是将印章钤印在封泥上,这就是钤印技术。封泥是中国古代用于封存信件、公文的工具,其上有印章钤印的印文以便检验是否曾开启。钤印技术还应用在陶器、砖瓦等器物上。1963年山东邹县出土的始皇诏陶量,陶量外壁有秦始皇二十六年(公元前221年)统一度量衡的40字诏书(图61),整篇诏书以多枚印章连续押印而成,这种复制文字的钤印技术对雕版印刷术的发明具有一定的启迪意义。

墨拓技术是雕版印刷术发明的技术先驱。汉代盛行立碑刊石之风,东

图61 秦代始皇诏陶量(山东邹县出土)

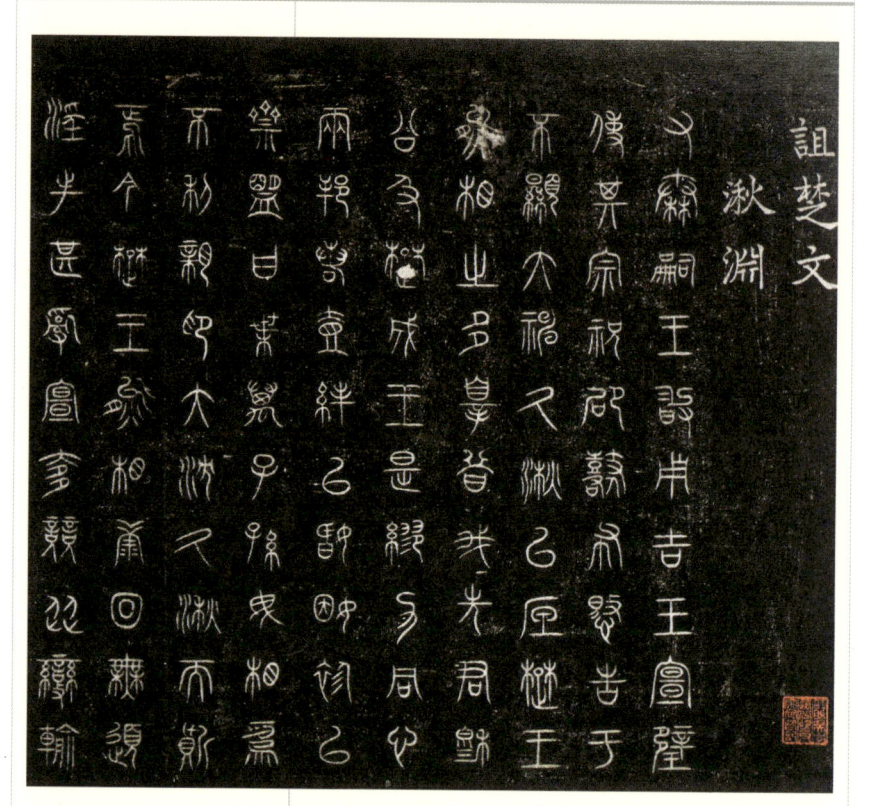

图62 元代《石鼓文》拓片

汉后期将儒家经典刻成定本立在首都太学，以便读书人校对。当时很多人前来瞻读、摹写，可是远地的居民难以与石经谋面，为方便人们阅读研究，古人发明了拓印技术，将文字从石碑上转印到纸，完成了典籍的复制。《隋书·经籍志》"石经"条说："其相承传拓之本犹在秘府。"说明隋代仍然保存着前代的石经拓本，也证明了我国在隋代（公元581–618年）以前已经使用墨拓技术了。在印刷术未发明之前，拓印是复制图书的最好方法，拓本已具备了印刷品的基本特征（图62）。墨拓是把纸覆在石刻上，用蘸有墨汁的扑子在纸上捶拓，将文字转印到纸上；雕版印刷是将墨刷涂在雕版上，通过刷印将雕版上的内容转印到纸上，这是两种相反却相互启迪的转印方式，因此墨拓技术被认为是雕版印刷术发明的重要技术条件之一。

  捺印技术和刷印技术对雕版印刷术的发明也有一定影响。西汉纺织业发达，丝织物的花色品种丰富，一些纺织品的花纹就是用套色型版印制而成的。1983年广州南越王墓出土了两件铜质印花凸版以及部分印花丝织品（图63），其中一件印花版正面花纹近似松树形，有火焰纹状凸起，印版上有明显的因使用而磨损的痕迹。同墓还出土了一件带有白色火焰纹的丝织品，其花纹形态与铜质印花凸版纹相吻合。湖南长沙马王堆1号汉墓出土了一件印花敷彩纱（图64），图案与南越王墓出土的铜质印花凸版的花纹十分相似，有关专家认为，马王堆汉墓出土的印花敷彩纱采用的是三套色型版颜料印花工艺，即是用印花凸版将花纹捺印在丝织物上。受到纺织品花纹印刷方法的启迪，捺印技术在纸张上也有应用，国家图书馆所藏写本《杂阿毗昙心论》的背后，有用捺印方法印制的佛像，这些佛像的复制方法是先刻佛像的小印，然后用佛像小印在纸上多次捺印而成。在木板上刻印图像并捺印到纸上的方法已经与雕版印刷术的刷印方式十分接近了，仅是捺印与刷印的区别。而在丝织品上刷印图案的技术与雕版印刷术就更加接近了。甘肃敦煌莫高窟130窟出

图63 西汉印花铜凸版（广东广州南越王墓出土）

图64 西汉印花敷彩纱（湖南长沙马王堆出土）

土的隋至初唐时期绢幡上的花纹是用刷印方法印制的，其方法与雕版印刷相似，即先在木雕的阳纹印花版上涂色，将丝织物铺于其上，再用毛刷在背面刷拓，花纹就印在正面了，这种方法与雕版印刷术仅相去一步之遥。

在印章、石碑上雕刻文字的雕刻技术，为雕版印刷术的发明做了长期的实践准备。春秋时期，我国已使用有文字的印章，其用途十分广泛，不仅钤印在封泥上，还印在陶器上、烙在修建墓葬用的黄肠木上、马身上以及铜器上。印章可以看作是一种小型雕版，上面的文字必须是反刻文字，印文才是正体文字（图65）。印章的广泛使用说明我国的反刻技术已十分娴熟，凸雕阳文的雕刻技法是雕版印刷术发明的必要技术条件。另外，在石碑上雕刻文字的技法也为在木板上雕刻图文做了技术准备。自战国时代起，人们就在石材上勒石为名以示纪念，从西汉时期开始大规模地在石碑上刊刻儒家经典，流传后世。而雕版印刷的第一道工序就是雕版，从在石碑上雕刻图文转变到在木板上雕刻图文是雕版印刷技术发明的重要环节，完成了这一技术转换，雕版印刷术的发明就指日可待了。

图65 战国"牢阳司寇"铜印

其实，早在南北朝时期，雕版印刷技术已有雏形，当时已经出现了图文一体的木质佛像雕版，这种雕版的镌刻难度并不低于以文字为主的书籍雕版的刻制。

源远流长的印刷术

印刷术是中国古代的四大发明之一，是我国对人类文明做出的重要贡献，它经历了雕版印刷和活字印刷两个重要的发展阶段。

第四章
源远流长的印刷术

印刷术是中国古代的四大发明之一,是我国对人类文明做出的重要贡献,它经历了雕版印刷和活字印刷两个重要的发展阶段。唐代初年,在多种转印技术的基础上,我国发明了雕版印刷术,用墨将模版上的图文转印到纸上的雕版印刷技术成为我国古代的主要印刷形式。宋元时期,官刻、私刻、民间刻书兴盛,手工技艺不断进步,雕版印刷进入黄金时代。明清时期雕版印刷应用普遍,雕版技术不断创新,套色印刷技术空前发展。为改进雕版印刷术自身无法克服的缺点,北宋庆历年间(公元1041-1048年),毕昇发明了泥活字印刷术,他用胶泥制成字模,经烧造后排版印书。元代初年的王祯再次试制木活字印刷,改进了木活字的制字技术,并创造了"以字就人"的转轮排字盘。明弘治三年(公元1490年),我国开始用铜活字印刷,明正德三年(公元1508年)以前,已使用铅活字印刷。印刷术的发明,使大量的文化遗产得以保留,它是维系我国古代文献连续流传和普及推广的重要纽带,并对我国的书籍制度、学术研究等方面均产生了重要影响。

1. 雕版印刷术

雕版印刷术是一次伟大的技术变革，这种技术将手工抄写、描绘图文的方法机械化，使书籍制造效率提高，成本降低。雕版印刷比手工抄写方便了许多，雕好一部书版，可以重复印刷千万册书，特别是对那些需要重复印刷的经典名著来说，更为经济方便，同时也加速了文明的传播。

我国普遍使用的雕版材料是梨、枣、梓木，有时也用黄杨、银杏、皂荚、苹果等树木材料。这些木材在我国各地均有分布，取材方便，价格低廉，而且木材的纹理细密、质地均匀，易于雕刻，其干湿收缩度不大，吸水均匀，可以久刷不肥，历久而不变形。长久以来，我国将雕版印刷称为"授之梨枣"、"付梓"、"梓行"等，正是使用雕版材料的反映。

雕版印刷的工序包括写样、校对、上板、刊刻和印刷等步骤。抄写人将原稿誊写在一张纸上称为写样，比较讲究的书籍一般请当时著名的书法家写样。将校正后的写样反贴在待雕刻的木板表面称为上板。上板后，由刻字工人用锋利的刻刀把反贴或反写在板上的笔画和线条之外的部分剔除掉，这就是雕版。刻字一般使用刀、錾、凿、铲、刷等工具。雕刻完毕后，即可印刷。印刷时先以红墨或蓝墨印出初样，经校对无误后，就可以敷墨覆纸印刷了。

自宋代开始，雕版印刷已按工序分为写工、刻工、印工和装褙工等不同工种，大量书籍文献的遗存，主要归功于这些古代的雕印工。经过长时间的实践探索，雕版印刷的各个工种发展到较高水平。特别是，我

图66 西夏文木雕版

国古代雕版的耐印程度很高，在一块印版上往往可以连续印制上万至十万次，表现出高水平的雕刻技术。目前留存下来的早期雕版较少，"西夏文木雕版"由西夏专门负责雕版印刷的官府机构"刻字司"雕刻（图66），镌刻精细。清代乾隆版《大藏经》的全部经版选用上好的梨木雕造，刻工精细，正反两面均雕有文字，刀法洗练，字体浑厚端秀，由于印刷量极少，经版至今字口锋棱俱在，完整如新（图67）。

除印刷书籍的雕版外，还有雕印广告和钱币的雕

图67-1 乾隆版《大藏经》经版

图67-2 1988年用乾隆版《大藏经》经版所印《大藏经》

版。南宋的"济南刘家功夫针铺"广告铜印版为印刷广告之用(图68)，印版上方标明店铺字号"济南刘家功夫针铺"；正中有店铺标记——白兔捣药图，并注明"认门前白兔为记"，下方广告文辞称："收买上等钢条，造功夫细针。不误宅院使用，转卖兴贩，别有加饶，谓记白。"这是已知世界上最早的商标广告实物。南宋的"会子铜版"是印刷当时纸币"会子"的印版(图69)。

图68 南宋"济南刘家功夫针铺"铜版

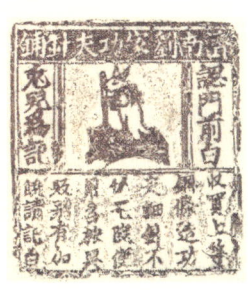

(1) 雕版初创

隋唐时期科举制度日臻完善，许多人走上了

图69 南宋会子铜版

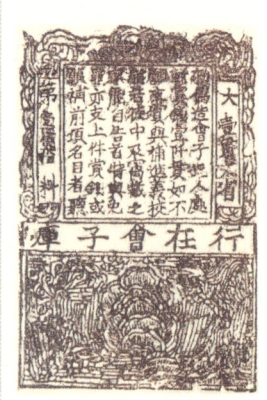

图70 唐代《陀罗尼经》汉文印本（陕西西安出土）

读书、应试、为官的道路，从而推动了教育的发展，促进了人们对书籍的需求。唐代经济繁荣、文化兴盛，成为诗歌创作的黄金时代，为适应诗歌创作的需要，类书、韵书等工具书需求量增大，抄写这些书籍不仅需要花费大量的人力，而且要花费大量的时间。随着农业的发展，历书的需求量不断增加；同时佛教的传播更需要大量的佛经复本，手工抄写已无法满足这些需求。为更快更多地复制书籍、经典，解决手工抄写的问题，雕版印刷术应运而生。

关于雕版印刷术发明的年代有汉代说、隋代说、唐代说、五代说等不同观点，从现有文物看，我国至迟在7世纪上半叶就已发明了雕版印刷术，到9世纪后半期已相当发达。目前发现的中国古代早期的印刷品都是唐代作品。1966年在韩国东南部庆州佛国寺的释迦塔发现一卷《无垢净光大陀罗尼经》印本，刻印于唐天宝十年（公元751年）前，这是迄今发现的最早的唐代印刷品，是由中国传入当时的新罗国的。陕西西安先后出土了刻印于唐代中晚期的汉文与梵文的《陀罗尼经》印本(图70)。1944年四川成都望江楼唐墓出土了刻印于唐代晚期的《陀罗尼经咒》(图71)。印本由墓主手臂所带银镯内取出,纸薄呈透明状,文字刻工刀法遒劲。印本四边和中央是佛教人物图像,周围是梵文经文,共17行,组成圆环形。经卷的右边有一行汉字(残缺若干),"唐

图71 唐代《陀罗尼经咒》印本(四川成都望江楼出土)

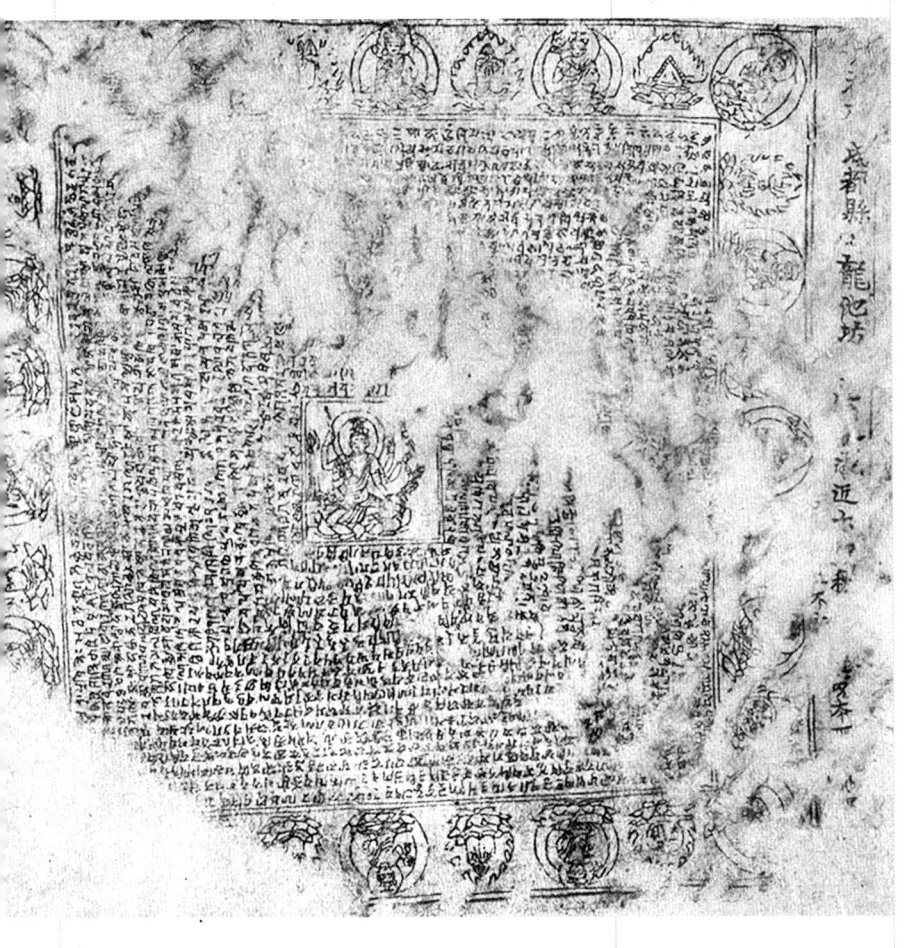

成都府成都县龙池坊卞家印卖咒本",表明此经咒为印卖之物,是送葬亲属买来放在死者身上以消灾祈福的。可见,至迟到唐晚期时,已有用于出售的印刷品了。唐代刻印本中最为精美的是1900年发现于甘肃敦煌藏经洞的《金刚经》(现藏于英国伦敦博物馆),经卷全长十四尺,卷首刻印说经图,图后有经文,卷末刻有"咸通九年四月十五日王玠为二亲敬造普施"等字,唐咸通九年即公元868年,这件印刷品的图版和文字极为清晰,佛像刻画得尤为精致、美观,表明我国唐代的雕版印刷技术已经相当精湛。

雕版印刷术在问世之初主要流行于民间,以印刷佛经、医药、历书、诗集等内容的书籍为主。迄今发现的早期雕版印刷品除佛经外,还有历书。大不列颠图书馆藏有"上都东市大刁家太郎"雕印的历书残片一片,大约雕印于公元762年以后,是现知最早的历书雕印本。出土于甘肃敦煌莫高窟的"乾符四年(公元877年)雕印具注历"是现存最完整的早期历书印本,它图文并茂,是雕版印刷作品在实际生活中应用的实例。据史料记载,唐代著名诗人白居易的诗集也曾被雕印成书在市场上售卖。唐代著名藏书家柳仲郢的儿子柳玭在《柳氏家训序》中写道,他在公休时去书肆看到许多雕版印刷的书籍,有字书、小学读物、阴阳占卜类书等,说明唐末成都地区的雕版印书内容的范围已经非常广泛了。根据这些文献记载和留存下来的实物说明,从7世纪上半叶到9世纪末,我国的雕版印刷术已广泛应用且较为成熟。

五代时期(公元907-960年),雕版印刷术进一步发展,刻印内容逐渐扩大,政府开始主持雕印儒家经典著作、文集、历史及百科类书籍。后唐长兴三年（公元932年），宰相冯道请求根据唐朝石刻《九经》刊印儒家典籍。此次刊刻由国子监硕学儒士对唐代石经文本进行校订，求得正本，并征名手用正楷书写，经22年努力，在后周广顺三年（公元953年），130卷的巨帙印制完成。这是由国子监负责刊印的，因此宋人称为"旧监本"，这部《九经》是目前所知最早的儒家经书刊本，也是由国家组织刊刻书籍事业的开始。后唐还规定以国子监印本经书为标准本，从而出现了国家对雕版印刷事业的控制，这一做法也为后来的宋代所承袭。除儒家经典外，历史、文集也有雕印。南唐时期（公元937-975年）雕印了第一部史学著作《史通》，后唐的和凝曾雕印过自己的文集，还刻过《颜氏家训》，后蜀的宰相毋昭裔主持雕印了《文选》、《初学记》、《白氏六帖》等。这一时期，山东青州地区雕印了有关法律方面的著作《王公判事》等书籍。各地雕印的《观音经》、《道德经》等佛道经典更是非常普遍。除刊刻文字书籍外，五代时期还雕印带有图像的佛经，后唐时期的《大圣毗沙门天王像》（图72）、五代十国时期的《文殊师利菩萨

图72 后唐《大圣毗沙门天王像》印本

像》、吴越国王钱俶雕印的《宝箧印陀罗尼经》的扉页画等均表现了当时人们娴熟的雕刻与印刷技术。此外，雕版印刷还用于纸牌、报纸、印纸（商人纳税的凭证）等纸类物品的印制。

唐五代时期雕版印刷文字的字体以不同风格的楷书为主。楷书脱胎于东汉前后的隶书，到唐代时，楷书书写逐渐规范，文字易写易刻，这为在版面上镌刻文字做了重要的铺垫。

随着雕版印刷技术的发展，雕印书籍逐渐增多，书籍的装订形式也发生了变化。以简牍作为书写材料时，抄写成书后要编简，即把多支简牍按照顺序用绳串连在一起，卷成一卷或逐片正反叠放起来，称为"册"。以帛作书写材料时，也是将写好文字的帛卷起来收藏。当纸作为书写材料时，自然承袭了这种装订方法，也就是我们常说的"卷轴装"。唐至五代时期，卷轴装的书籍有简装和精装两种形式。简装就是将写好的纸张从尾卷到首，不加任何装饰，而精装则使用轴、签和带，写好的卷子自有轴的一端卷起，最外层用带绕捆，再用签别住。卷轴装书籍存放时将书卷平放在书架上，轴的一端向外，以便于查阅时抽出或插入，称为插架，今天我们仍以插架来形容书籍。采用卷轴装的书籍插图只能使用卷首扉页画的形式，今天书籍的卷首附图的格局应是卷轴装卷首扉画的遗意。卷轴装到唐代末期发生了很大的变化。有些卷轴装书籍很长，展开、卷起都费时、费力，不利于查阅，于是就有人把长卷书籍一反一正地折叠起来，形成长方形的一叠，再在前后各裱一张厚纸封皮，这种新出现的书籍装订形式称为"经折装"，它查阅起来比卷轴装便利，无须全卷展开，这是对卷轴装的改进。但经折装的书籍容易散开，仍有不便的地方，于是新的装订形式出现了，将写好的书页按照顺序，逐张粘在一张纸上，错落粘连，犹如旋风，因此称为"旋风装"（图73）。旋风装已初具册叶装的形式，便于书籍的翻阅，但收藏形式没有完全摆脱卷轴装的限制，其外表看起来仍是卷轴装，因此旋风装是从卷轴装向册叶装过渡的形式。唐五代时期书籍由卷轴装逐渐过渡到册叶装，书籍的保管、携带更加方便。

图73 唐代旋风装《唐韵》

（2）版印记忆

两宋时期是我国雕版印刷技术的发展与成熟时期，所印书籍数量多且内容广泛，涉及人类知识的各个领域，造就了我国雕版印刷史上的黄金时代。宋太祖赵匡胤建立政权后，在巩固国家统一的过程中，逐渐用文臣代替武将，这一政策带动了整个社会习文的风气。宋代的学术著作层出不穷，浓重的文化氛围将宋代的雕版印刷推向空前繁荣的阶段。为适应政治和文化的需要，出现了各种形式的刻书机构，官刻、私刻和民间刻印并举，书籍内容涉及儒家经典、佛经、天

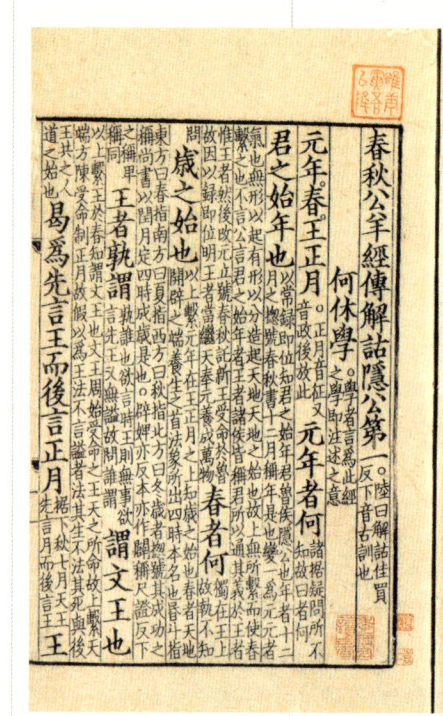

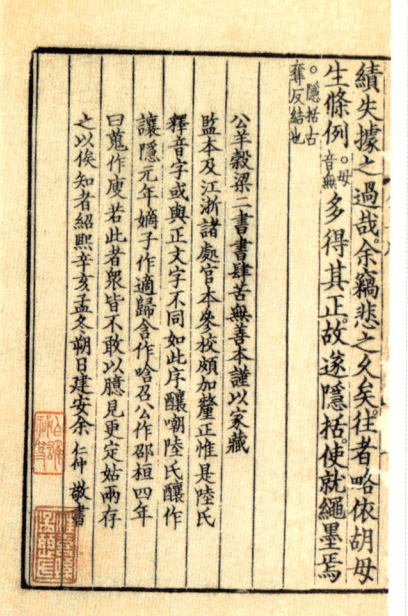

图74 南宋《春秋公羊经传解诂》印本

文、历法等诸多方面。宋代雕版印刷已成为一门完美而精湛的艺术,宋椠善本字体妍劲,纸墨优良,成为后世印工的楷模。雕版印刷术的大规模应用为文化的广泛传播开辟了更广阔的途径。

宋代的各级官府刻书、私家刻书和坊肆刻书十分兴盛。宋代官府印书主要由国子监、崇文院、秘书监以及各府州郡学、转运使司等机构主持,主要刊刻官方校订的经史子集、类书、医书等。《春秋公羊经传解诂》(图74)、《春秋穀梁传》、《仪礼》、《礼记》、《孝经》、《论语》、《尔雅》七经先后获准雕印,《史记》、《汉书》、《后汉书》也在杭州刊印,《说文解字》、《广韵》、《集韵》等字书、韵书也先后校刻。国子监还陆续刻印《千金翼方》、《金匮要略》、《王氏脉经》、《图经本草》等医学著作,以及农业算学书《齐民要术》、《四时纂要》《九章算经》等。这些刻本由各级政府机关组织刻印,因此也称为官刻本。私家刻书是指私人出资刻印的书籍,这些书籍一般由校刻人选择善本进行翻刻,而且书籍的校订也很精细。坊刻本是指书商所刻印的书籍,以临安陈氏书籍铺、尹家书籍铺和建安余氏及建阳麻沙诸坊刻本较为著名。私家刻书和坊肆刻书以经史名篇、诸子百家、诗文集居多。《昌黎先生集》、《河东先生集》是私家刻书的代表,陈起刻的《唐女郎鱼玄机诗》是坊肆刻书的典范(图75)。宋代雕版印刷术的发展,还表现在佛经的大规模刻印。开宝四年(公元971年),宋太祖派遣官员到益州(今四川省成都市)监雕佛教《大藏经》。这部《大藏经》是我国历史上第一部印行的佛教总集,

图75 宋代《唐女郎鱼玄机诗》印本

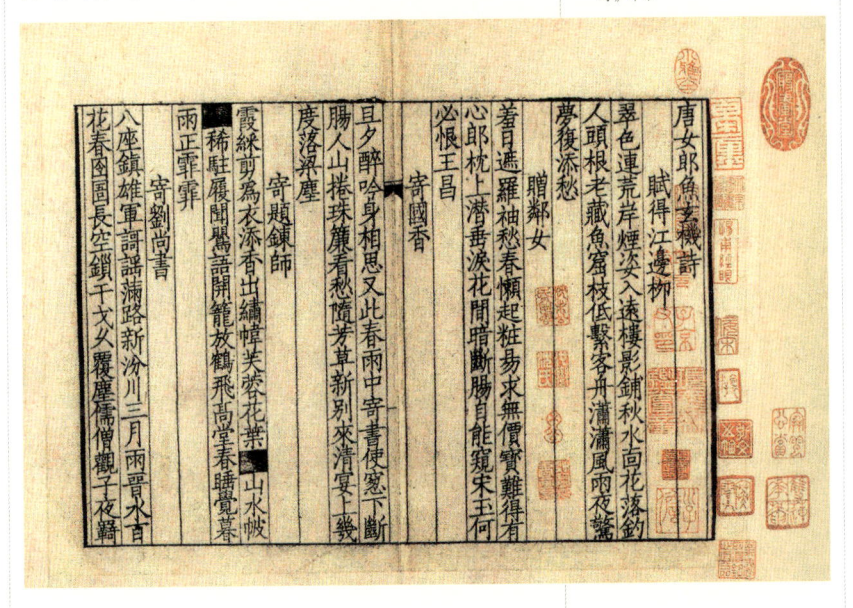

被称为《开宝藏》或《蜀藏》。《开宝藏》历时12年才雕印完成,共计雕版13万,5048卷。宋朝三百余年间,刊刻《大藏经》不下六版之多,如此大量的佛经雕印培养了大批书手、刻工、印工等各种技术熟练的工人,为雕版印刷术的传播与发展奠定了基础。

辽金两代也曾雕印书籍,虽不如宋代刻书发达,但也留下了许多精品。辽代根据《开宝藏》翻刻的契丹版《大藏经》,称为《契丹藏》,是我国历史上非常著名的佛经,刊刻技术古朴大方,笔画精细。辽代雕印的佛经卷首扉画刀法娴熟,玲珑剔透,单幅佛画《南无释迦牟尼佛像》、《药师琉璃光佛说法图》、《炽盛光九曜图》等雕刻得线条遒劲圆润,显示了高超的雕刻水平,《南无释迦牟尼佛像》在彩色套印史上还占有重要地位。除雕印佛经外,为学习儒家文化,辽代还雕印了《易》、《诗》、《书》、《春秋》等书,以及儿童启蒙读物《蒙求》。我国从宋代开始已有雕印的儿童启蒙读物,当时流行的识字课本是《三字经》和《百家姓》。《蒙求》是唐代李翰编撰的一本儿童教育的启蒙读物,采用对偶押韵的句子来叙述历史典故,每句四字,上下两句成为对偶。这样的蒙书既可以帮助儿童多认识《千字文》以外的生字,又可以学习典故知识,比普通的识字启蒙读物又前进了一步。《蒙求》对以后的启蒙书籍具有极大的影响,《三字经》、《幼学琼林》中的许多内容也取材于李翰的《蒙求》。金代的刻书业也比较发达,国子监负责雠校刊印正史正经的标准范本,为满足教育的需要,雕印了九经、十四史等书籍。金代雕印的《大藏经》称为《金藏》,亦是一部著名的佛经,因藏于山西洪洞赵县广胜寺,又称作

图76 金代《赵城金藏》印本

《赵城金藏》（图76）。《赵城金藏》由民间募资雕刻而成，镌刻刀法娴熟稳健，颇具唐人写经的风范。金代雕印的著名作品当属《四美图》，线刻精致入微，墨印协调自然，是金代雕印高超水平的代表。与宋、辽、金并存的西夏也雕刻了许多书籍。西夏是由党项族建立的国家，它以汉文和契丹文为蓝本创制了西夏文，并用这种本国文字刻印了大量书籍。西夏人特别尊崇佛教，佛经、佛画的刊印成为西夏刻书的重要内容，现存于世的西夏文佛经和在西夏时期雕印的汉文佛经有四五百种之多，西夏人用活字印刷的佛经成为现存最早的活字印刷品实物。

元代对文化教育十分重视，继承了宋代刻印遗风和精湛技艺，遵循宋版书籍功力精严的传统，将宋代兴盛起来的雕印事业继续向前发展。元代同宋代相同，所刻书籍分为官刻本、家刻本和坊刻本，刻书之风遍及各地。官刻有中央政府与地方政府之分，中央政府的官刻机构主要有兴文署、广成局、国子监等，其中以兴文署最为著名。地方刻书机构主要是各路儒学与书院，尤其是元代的书院刻本，由许多有学问的人参加书院刻本书籍的校勘，这些刻本雕镌精湛、纸墨精良，比宋刻本的质量还好（图77）。元代私家刻书也十分兴盛，且刊刻的质量较高。元代雕印的书籍除正经、正史外，还刊刻大量类书、字书、韵书、史书的节本、科举应试的参考书、模范文章选集等，私人刊刻医学类书籍的数量逐渐增多。此外，元代盛行的通俗小说和杂剧也有刊印，成为此时印书的显著特征。

宋元时期，雕版印刷还用来印制流通领域使用的纸币、钞引、印契，报纸及游戏娱乐使用的纸牌。

图77 元代《文献通考》印本

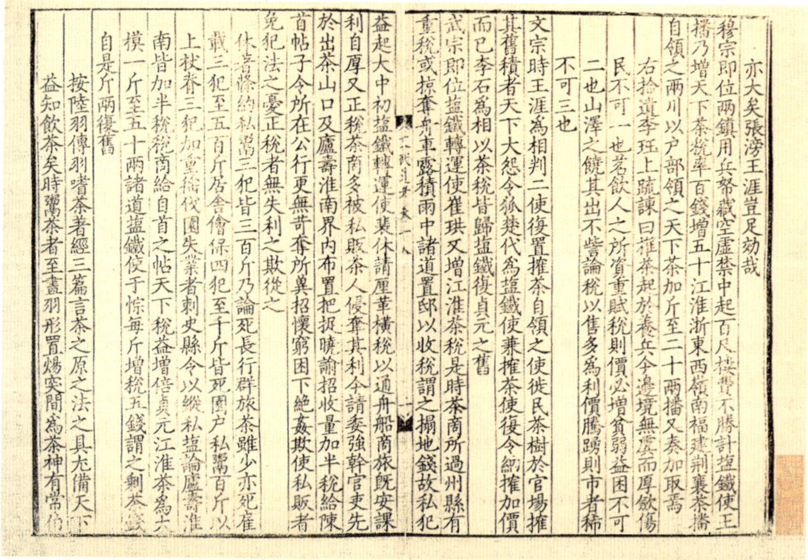
亦大矣張滂王涯豈足効哉
穆宗即位兩鎮用兵帑藏空虛禁中起百尺樓費不勝計鹽鐵使王
播乃增天下茶稅率百錢增五十江淮浙東西嶺南福建荆襄茶播
自領之兩川以户部領之天下茶加斤至二十兩播又奏加取焉
右拾遺李珏上疏諫曰榷茶起於養兵今邊境無虞而厚斂傷
民不可一也茗飲人之所資重賦稅則價必增貧弱益困不可
二也山澤之饒其出不訾論稅以售多爲利價騰踴則市者稀
不可三也
文宗時王涯爲相判二使復置榷茶自領之使徙民茶樹於官場摧
其舊積者天下大怨令狐楚代爲鹽鐵使兼榷茶使復令納榷加價
而已李石爲相以茶稅皆歸鹽鐵復貞元之舊
武宗即位鹽鐵轉運使崔珙又增江淮茶稅是時茶商所過州縣有
重稅或掠奪舟車露積雨中諸道置邸以收稅謂之搨地錢故私犯
益起大中初鹽鐵轉運使裴休請釐革橫稅以通舟船商旅既安課
利自厚又正稅茶商多被私販茶人侵奪其利今請委強幹官吏先
於出茶山口及廬壽淮南界內布置把捉曉諭招收量加半稅給陳
首帖子令所在公行更無苛奪所冀招懷窮困下絕姦欺使私販者
免犯法之憂正稅者無失利之歎從之
休著條約私鬻三犯皆三百斤乃論死長行群旅茶雖少亦死雇
載三犯至五百斤居舍儈保四犯至千斤皆死園户私鬻百斤以
上杖脊三犯加重徭伐園失業者刺史縣令以縱私鹽論廬壽淮
南皆加半稅私商給自首之帖天下稅益增倍貞元江淮茶爲大
模一斤至五十兩諸道鹽鐵使于悰每斤增稅五錢謂之剩茶錢
自是斤兩復舊
按陸羽傳羽嗜茶著經三篇言茶之原之法之具尤備天下
益知飲茶矣時鬻茶者至畵羽形置煬突間爲茶神有常伯

北宋出现了世界上最早的纸币——交子，便利了货币流通和市场交易。北宋的交子产生于四川地区，最初由民间私印，后来政府成立益州交子务，负责印刷发行，其流通区域也扩大到陕西、河东等路。到南宋时，朝廷在杭州设立会子务，发行会子，通行东南各路，会子也被称为东南会子。会子发行后不断贬值，南宋政府开始发行"关子"代替会子，关子也称为金银见钱关子、见钱关子、金银关子。金代发行的纸币称为交钞，有大钞和小钞之分。元代发行了全国通行的纸币——宝钞。由于纸币不易保存，目前尚未见到宋金纸币原物，仅能见到宋金时期印刷纸币的钞版，"行在会子库铜钞版"是南宋印刷会子的钞版，"至元宝钞"是元代发行的纸币。宋代还印刷"茶钞引"和"盐钞引"卖给商人，作为政府的税收凭证。此外，宋代也印制官私发行的报纸，《朝报》、《内探》、《省探》等名目繁多的报刊，展示了印刷在新闻传播领域内的便捷作用。

　　两宋刻书是我国印刷史上的黄金时代，宋版书是世人公认的珍本，刊刻艺术十分精湛，尤其是它的字体多种多样，鍥刻讲究，成为后世刻工的楷模。宋刻本多以善书者书写上板，雕刻讲究。北宋时期的字体整齐浑朴，南宋中叶至元代则逐渐变得秀劲圆活。刻书使用的字体更是竞相媲美，宋代早期流行笔力刚劲、笔画清朗、结构遒密的欧阳询体，后来则逐渐使用笔意凝重、笔画肥厚、结构严整的颜真卿体和笔意清秀、字画平直、结构端正的柳公权字体，元朝刻书字体大多模仿笔意柔媚、结构秀丽的赵孟頫字体（图78）。宋元版书的字体优美，一开卷就能给人以美感，十分赏心悦目。

宋代书籍装订也出现了新的形式，为适应书籍雕版的形式而出现了蝴蝶装。蝴蝶装是将书叶的有字面沿中线相对而折，有字面相对，然后以折叠的中线处粘贴在一张硬纸上。以这种形式装订的书籍打开后，书叶朝两面分开，犹如展翅飞翔的蝴蝶，因此称为蝴蝶装。蝴蝶装的书籍可以保护书的文字部分不受损伤，但缺点是翻阅不便，而且用糨糊粘连的书脊处容易脱落，所以到了宋代后期出现了“包背装”。包背装是把无字面对折，使有字面向外，然后把书页开放的两个直边粘在书脊上，再用纸捻或线订起，外面粘糊一张纸作书皮，

图78 元代赵字体《清容居士集》印本

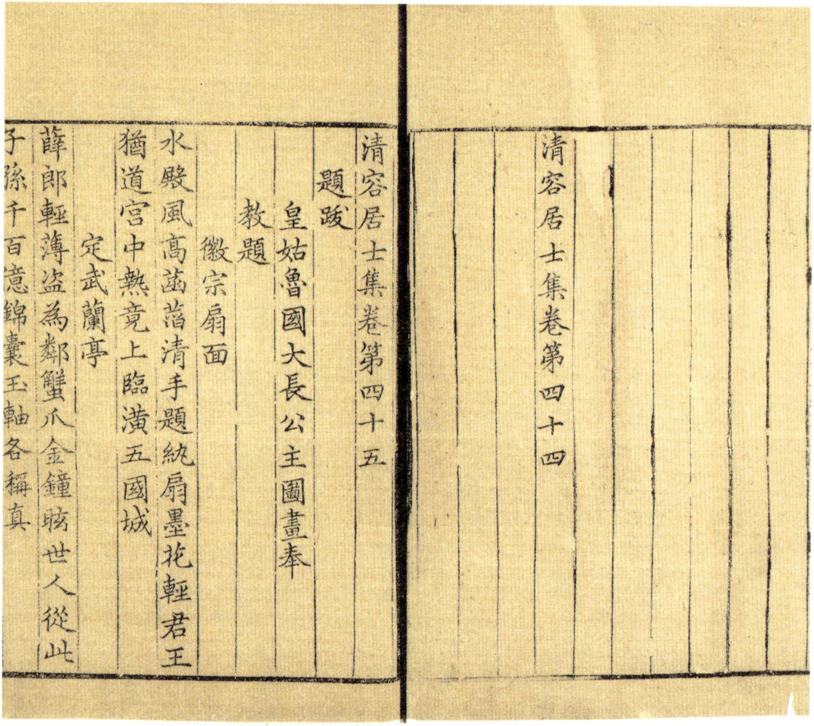
清容居士集卷第四十四

清容居士集卷第四十五

題跋

皇姑魯國大長公主圖畫奉

教題

徽宗扇面

水殿風高菡萏清手題紈扇墨花輕君王

猶道宮中熱竟上臨潢五國城

定武蘭亭

薛郎輕薄盜為鄰蟹爪金鍾眩世人從此

子孫千百億錦囊玉軸各稱真

这就形成了包背装。这种装订方式在南宋出现，盛行于元代。

(3) 刻印新风

明代社会经济文化发展，政府实施特殊政策鼓励刻印书籍，促进了雕版印刷事业的发展，其刻书机构之多、刻书地区之广、刻书数量之大以及刻书家之普遍是任何时代都无法比拟的。明代的刻书机构也分为官刻本、私刻本和坊刻本。官刻本主要由国子监、钦天监、司礼监、兵部、工部、都察院、太医院等中央机构和地方各省的布政使司、按察司、藩府等刊印。司礼监是明代内府最有名的官刻机构，所刻书籍多为大字巨册，纸墨刻工相当精妙。明代的藩府刻本也很有名，藩府是明朝分封到地方的各个亲王府，他们中很多人都刻印书籍，其刻书多半以中央赏赐的宋元版本为底本，因此刻印质量都很高。明代私刻本因有许多学者、世家、藏书家等参与刻印，书籍一般校勘缜密、雕印精美，其中以江苏常熟的毛氏汲古阁影响最大。明代的书坊刻书遍及全国且规模较大。

明代刻书的显著特点是题材广泛而且数量巨大，刻印题材不仅包括传统的经史子集、佛道经等内容，还扩大到通俗小说、音乐、手工工艺、航海记志、造船术以及西方的科学著作等内容，杂剧、医书、方志、文选、类书等内容的书籍也有较多印制。明代初期，国子监及其他官方机构主要刊印经籍、正史及辞书、韵书等书籍，以供参加科举考试的人员备考之用，其中最重要的是《十三经》和《廿一史》。当时对宗教书籍的印刷也很重视，雕印佛教《大藏经》四种版本，最有名的是南京刊行的《南藏》和在北京刊行的《北藏》，还印行了道家的《道藏》。明代地方志的刊印比宋元时代更加发达，成为我们今天研究历史的重要资料。明代的两京十三布政使司，乃至各府州县，几乎没有不刻书的，他们编印了大量的地方志，甚至是一些偏远的乡镇也有自己的地方志。为满足不同阶层人民的需要，明代刻印了《三国志演义》和《水浒传》等通俗小说，刊印《三宝太监西洋记通俗演义》介绍著名航海家郑和下西洋的故事以及西洋各国的风貌及航海技术（图79）。类书、科技类书籍刊刻增多，《太平御览》、《艺文类聚》等类书有不同版本的刊刻，《天工开物》、《农政全书》等科技类书籍也有印制。

套色印刷技术的应用是明代雕版印刷术的重要发展，在同一版面上不仅印制文字，还印刷图画，所印图画精致，艺术表现力强。明万历年间，以套色技术印刷的《程氏墨苑》十分精美。在单版分色套印的基础上，明代还发明了分版分色的"饾版"和"拱花"印刷技

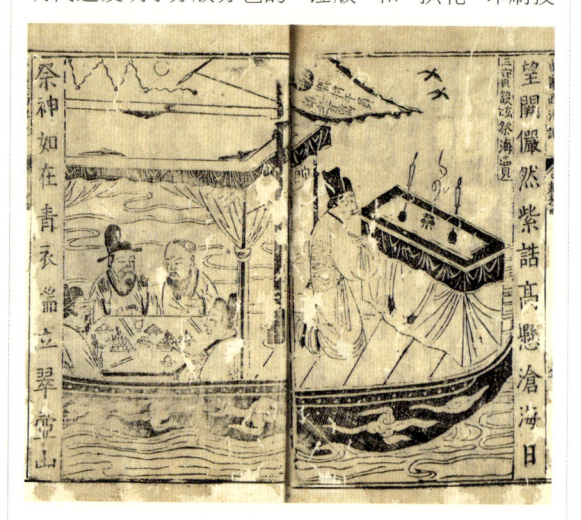

图79 明代《三宝太监西洋记通俗演义》印本

术，明崇祯年间（公元1628-1644年）南京胡正言编印的《十竹斋笺谱》和江宁吴发祥印制的《萝轩变古笺谱》是饾版拱花艺术的双璧，刊刻精致，色彩妍丽，达到了很高的艺术水平。

　　清代，我国的雕版印刷由兴盛走向衰败。清前期随着社会的稳定和经济的发展，文化事业也得以发展，中央政府积极雕印了大量书籍，但雕印质量日渐粗糙，不及前代。清后期，自19世纪开始，国势渐衰，雕版印刷业虽继续发展，数量未见减退，但质量渐趋粗陋，随着珂罗版、胶版、影写版等新的印刷方法的输入，传统的雕版印刷技术逐渐淡出。清代官刻书籍以武英殿刻本质量最佳，武英殿是内务府设立的专司刻书的机构，始自康熙帝时期（公元1662-1722年），雕印书籍门类齐全，正经正史、字书韵书、总志方志、典章职官、图志方略、文集诗赋等都曾刊刻。满文典籍是清代版印书籍中的重要组成部分，也是清代雕版印刷所特有的。清代是以满族为主体的政权，满文是其民族文字，清朝曾用满文刊印《三国志演义》、《满蒙文鉴》、《圣谕广训》等书，刊印满汉合璧的《诗经》、《书经》、《易经》、《春秋》等书，供满族贵族学习之用。清代还雕印了大量宗教书籍，康雍乾三朝（公元1622-1795年）都非常重视藏传佛教，先后用汉文、蒙古文、满文、藏文刻印《大藏经》。康熙时雕印蒙文《大藏经》，乾隆时译刻满文《大藏经》、汉文《大藏经》，康熙、雍正、乾隆祖孙三代完成了《甘珠尔》和《丹珠尔》的藏文版雕印。其中乾隆版汉文《大藏经》是历代汉文《大藏经》中卷册数量最多的一部，其装潢讲究、纸质精美、字迹大而清晰，是清代唯一官刻、也是中国最后一次官刻的

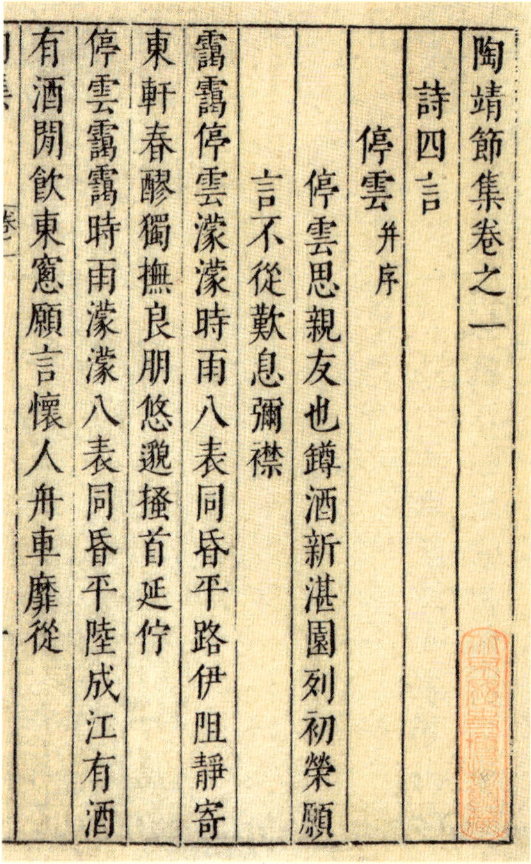
陶靖節集卷之一
詩四言
停雲 并序
停雲思親友也罇酒新湛園列初榮願
言不從歎息彌襟
靄靄停雲濛濛時雨八表同昏平路伊阻靜寄
東軒春醪獨撫良朋悠邈搔首延佇
停雲靄靄時雨濛濛八表同昏平陸成江有酒
有酒閑飲東窻願言懷人舟車靡從

图80 明代《陶靖节集》印本

汉文《大藏经》。这部《大藏经》雕印历时5年之久，雕印经版78230块，印刷经书7240卷，它是奉清雍正皇帝御旨雕刻的，因此每卷首页均有雕龙“万岁”牌，故又称《龙藏经》、《清藏》。清代雕印的书籍以私家刻书最有价值，不仅刊印了许多单行的精刊善本，还进行各式各样的丛书辑刻。这些私家刻书一般请著名的书法家写样上板，请著名的校勘学者校书刻书，所以这些书籍不仅雕印精美，而且内容丰富，具有较高的参考价值。清嘉庆年间（公元1796−1820年）阮元所刻的《十三经注疏》和《皇清经解》是研究汉学不可缺少的参考书。在乾隆、嘉庆时期，一些私人刻书家掀起了翻宋、仿宋刻书潮流，这期间所刻印的一些精刻本直到现在还在翻刻、影印。清代的书坊遍及全国，刻印了大量的书籍，出现了一些经营久、影响大、刻书多的书坊。

在雕版印刷基础上发展起来的套色印刷技术在清代也有所发展，单版套色印刷已发展到六色套印。康熙年间内府印制的《御制唐宋文醇》五色套印本、乾隆年间的《西湖佳话》套印本，道光年间（公元1821–1850年）的《杜工部集》六色套印本等都极为出色。饾版套色印刷以《芥子园画传》为代表作，色彩鲜艳的年画更为清代的套色印刷带来了勃勃生机。

  明清时期刻书的字体逐渐规范统一。明早期刻本字体继承元代遗风，以赵孟𫖯字体为主要刻书字体，明嘉靖年间（公元1522–1566年）开展了复古运动，刻书字体变为横轻竖重、方方正正的仿宋体字，明末清初时期则变为横轻竖重、横细竖肥、四角整齐、结构刻板的方体字，人们称为"宋体字"，其实这与原版的宋版书字体相差很远了。明代刻书字体虽没有宋元以来欧、颜、柳、赵手写体那样美丽悦目，但字体由书写体逐渐统一定型为印刷体，直线多而曲线少，便于普通刻字工施刀刻字，现代电脑软件的字库即源自于此（图80）。清初沿袭明代旧习，仍使用横轻竖重的字体。到康熙、乾隆时期发生了变化，很多书籍是请著名的书法家按照自己的书法风格写样上板，字体风格不同，柔美多姿，后代常称这些字为"软体字"，这成为清乾隆以前的字体特色。

  明清两代书籍装订形式多种多样，承袭了宋代的蝴蝶装、经折装，元代的包背装，到明嘉靖万历（公元1522–1620年）则兴起了线装书籍。线装形式在北宋时已出现，但并不受欢迎，明万历以后，线装成为主要的装订形式，其装订方法是把印好的纸张对折，折好后叠成一册，用锥子在书脊处穿孔，再用线订成一册。线装书籍比蝴蝶装、包背装、经折装的书籍使用起来更为耐久，而且装订手续也更迅便，成为后代沿用的主要书籍装订形式。

  明清时期的雕版印刷还用于印刷报纸、钱币和年

- 图81 明代纸币"大明宝钞"

画。明代的《邸报》、清代的《京报》等报纸类印品均有留存。明清两代都曾印刷过纸币,明代有"大明宝钞"(图81),清代有"大清宝钞"和"户部官票"在商业领域流通。明代末期以后,随着雕版印刷的普及和套色印刷技术的进步,年画的印制得到空前发展,成为人们欢度春节时的美术装饰品。清代,年画印制达到高潮,北方天津的杨柳青、南方苏州的桃花坞、西南四川的绵竹等地,汇聚了大批技艺精湛的民间画师和工匠,绘制刻印了大量年画,供各地在年节之际张挂。

2. 活字印刷术

我国在印刷史上的另一个重要贡献是发明了活字印刷术,它继承了雕版印刷的传统,同时改进了雕版印刷的缺点,对现代印刷术的产生具有重要影响。

唐代初年发明的雕版印刷术,提高了书籍制作的效率,降低了书籍生产的成本。但是,雕版印刷仍有缺点,每印一页书,就需雕一块版,若要雕刻一部大书,需要许多刻工花费数年时间雕刻成千上万块雕版,这样印制一本书在前期需要花费大量的人力、物力和时间,而雕好的版片也需要足够的空间贮藏。为解决雕版印刷存在的问题,减轻繁重而费力的雕版工作,人们不断地进行技术改进,寻找更为经济的印刷方法,11世纪中叶北宋(公元960-1127年)的毕昇发明了泥活字印刷术,在泥活字印刷术的基本原理上,后人又创制出木、铜、锡等不同材质的活字,人们改进了排版材料和检字方法,活字印刷成为印刷史上的伟大里程碑。

活字印刷的技术先驱可以追溯到公元前几个世纪,有些青铜器和陶器上的铭文是用一个个单字模押印在泥范上的,这种将长篇铭文拆解成单个字模的工艺与活字印刷技术一脉相承,它为活字印刷术的发明奠定了技术基础。

活字印刷是在雕版印刷的基础上演化产生的一种新的印刷方法,即先制成单个独立的活字,然后根据需要逐个挑选活字,排成书版后再进行印刷。活字印刷使用的书版是由活字拼合而成的,拆版后的活字还可以继续排印其他书籍,这样每次印书就不要一块一块地写字刻版了,不仅节省了劳力费用、印版材料,还缩短了印刷周期,降低了印刷成本。

(1) 泥活字

毕昇是活字印刷术的发明者(图82),他在宋仁宗庆历(公元1041-1048年)年间,发明了用胶泥制做的字模,用火烧硬,然后再一个一个排列在铁框子里印书的方法,这种方法虽然原始简单,但已具备活字印刷的制活字、分类贮存、检字、排版、施墨、刷印、拆版、归字等全套工序。活字印刷术发明后,迅速传播到中东和近东,欧洲人因之发明了拉丁文字的活字印刷术。

北宋的毕昇首创了泥活字印刷术,但宋代的泥活字印本至今鲜有留存,西夏人应用泥活字印制的佛经成为毕昇发明泥活字印刷术的间接实证。现存最早的泥活字印本是西夏时期(公元1038-1227年)的《维摩诘所说经》,这部佛经具有明显的泥活字印本特征(图83)。泥活字因材质不坚固,造成泥活字印本的文字笔画呆滞、不流畅

图82 毕昇像(模型)

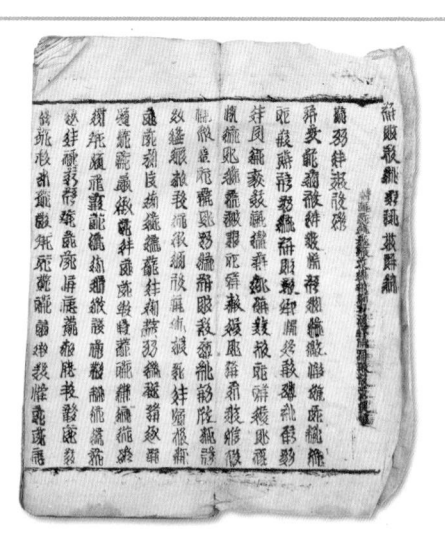

图83 西夏《维摩诘所说经》泥活字印本

且边缘不齐整;泥的吸墨能力较弱,致使一些字的笔画不够清晰,有晕染现象;泥活字排版不紧凑,表现为版面行列不直,有弯曲现象。这些是泥活字印刷与雕版

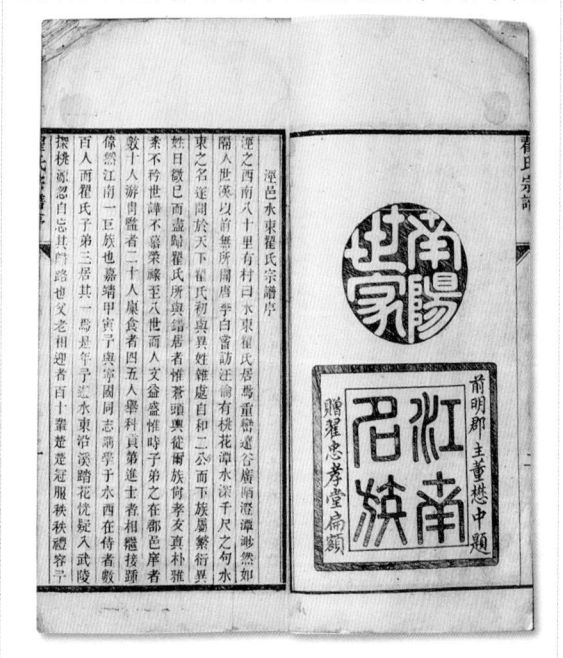

图84 清代《水东翟氏宗谱》泥活字版及印本

印刷的不同之处,也表现了早期活字印刷技术不成熟的一面。

元代初年曾用泥活字排版印刷《小学》、《近思录》等书,此后,直到清代才出现有关泥活字印本的记载。清道光年间苏州人李瑶用自制的泥活字排印《校补金石例四种》和《南疆绎史勘本》获得成功。清道光年间安徽泾县人翟金生也仿效北宋毕昇造泥活字的方法,分五种规格造出10万泥活字。他用泥活字先后印刷了《泥版试印初编》、《仙屏书屋初集》、《水东翟氏宗谱》等书籍(图84),皆得成功,其中《翟氏宗谱》是翟金生用自制的泥活字印刷的最后一部书。李瑶和翟金生改进前人使用泥活字印刷的方法,所印书籍字体清楚、笔画清晰,堪与雕版印刷品相媲美。

(2) 木活字

毕昇或在毕昇以前的印工,曾试用木活字印刷,由于在排版印刷时使用与泥活字相同的方式,致使木活字的排版和拆版十分不便,所以弃置不用。而与北宋并存的西夏人将木活字印刷术发扬光大,他们用木活字印制了西夏文的《吉祥遍至口和本续》,这是我国现存最早的木活字印本之一(图85)。

300年后,元代(公元1271-1368年)初年的农学家王祯再次试制木活字印刷法,他改进了木活字的拣字方式和排版固字技术,为木活字的广泛应用奠定了基础。王祯在他所著的《农书》之末附载《造活字印书法》一文,详细记录了木活字制造和印刷的工艺。制活字的方法是先在雕版上刻出整版的字形,字里行间留出空白,然后用细锯锯下每一个字块,再用小刀把活字

图85 西夏《吉祥遍至口和本续》木活字印本

修整成大小高低一致的木活字。这是活字印刷通用的首道工序——制字。在进行拣字排版的过程中，王祯发明了转轮排字盘（图86），运用简单的机械方法进行拣字工作，改变了以往人们来回走动寻找字模的拣字方法，减少了拣字者的工作量。转轮排字盘的字盘为圆形，被分成若干格，活字字模依韵排列在格内，盘下有立轴支承，可以转动。排版时两人合作，一人读稿，一人则转动字盘，方便地取出所需要的字模排入版内，这种"以人寻字"的方法，便利了排字工人，提高了工作效率。王祯还改进了木活字排版的固定方法，使版面更加平整，易于印刷。毕昇使用的排版固字方法比较简陋，是在拣字前于范板上预洒纸灰和松脂蜡，待字排好后，将范板端到火上去烧烤，板上的蜡受热熔化，再用一平板按压字面，使字身嵌入蜡灰中，冷却后活字就固定在版内了。但使用这种方法固定木活字时，拆版时活字字模上容易粘连木灰，不便于再次使用活字字模，这也是毕昇扬弃木活字，转而使用泥活字的原因。王祯使用的木活字固定方法则更接近于现代化。排版前，先按照待印书籍版面的尺寸，制造一个带边框的矩形木盘作为范板。排版时，留下右手边框，自左向右、自上而下排字，每拣一行字就在行字旁夹一高低与字身相等、长短与范板相同的竹片。这些竹片既可起到固版作用，印刷时又可成为界格的行线，整版排满后，再用一些小竹片将版面垫平，装上右边框，用木楔敲紧，使整块活字版固定。

　　这种固版方法比毕昇时代的固版方法有了很大进步，但也存在一些不足之处。我国古代印刷书籍多使用水墨，每印刷一张书叶都要刷一次墨，木字字模和竹片都会因吸水而膨胀，起初涨版时有紧版固字的作用，但涨到一定程度时，四周边栏已无空隙可涨，字模和竹片有的因被挤而突出版面，甚至歪斜，这样印出的书叶就表现为墨色浓淡不均、界行扭曲与字体不齐等情况。为解决这一问题，清乾隆时期的金简在使用木活

图86 元代转轮排字盘（模型）

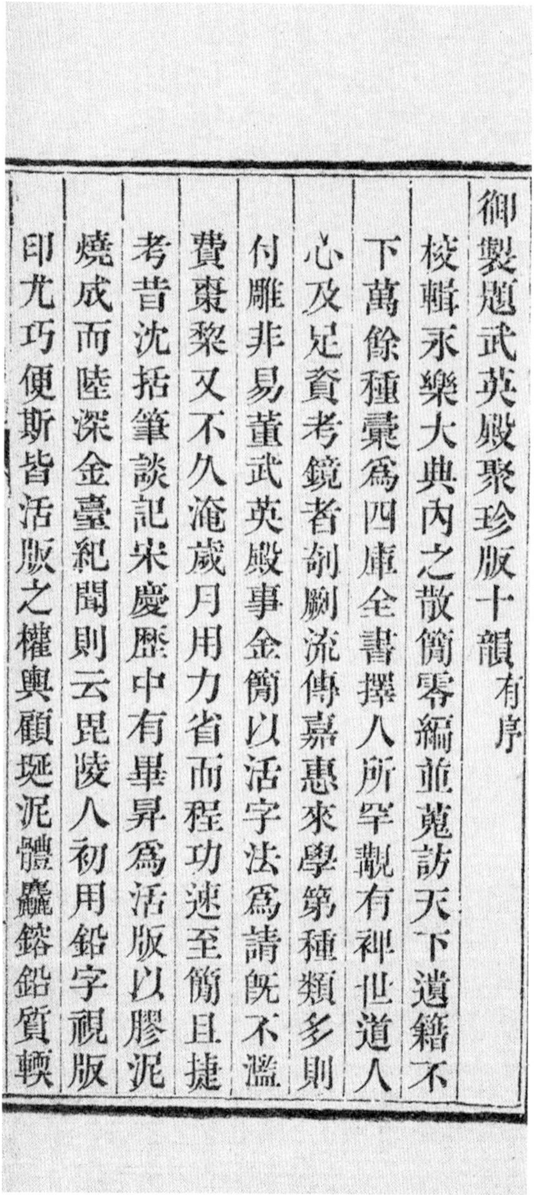
御製題武英殿聚珍版十韻有序
校輯永樂大典內之散簡零編並蒐訪天下遺籍不
下萬餘種彙爲四庫全書擇人所罕覯有裨世道人
心及足資考鏡者剞劂流傳嘉惠來學第種類多則
付雕非易董武英殿事金簡以活字法爲請既不濫
費棗梨又不久淹歲月用力省而程功速至簡且捷
考昔沈括筆談記宋慶歷中有畢昇爲活版以膠泥
燒成而陸深金臺紀聞則云毘陵人初用鉛字視版
印尤巧便斯皆活版之權輿顧埏泥體麤鎔鉛質輭

图87 清代武英殿聚珍版《乾隆御制十韵诗》

字印刷《武英殿聚珍版丛书》时，专门制作了用以植字的整块硬木版槽。这种版槽内先按照确定好的行款剜剛出与活字高低宽窄完全一致的槽格，拣字时只要依照文稿顺序逐字填入相应的槽格，每行槽格填完最后一字，都正好严实合缝。清代《武英殿聚珍版丛书》的制字方法和印刷方式也与元代不同。木活字字模的制作方法是先做成一个个单独的大小高低一致的木子，然后在其上刻字。印刷则分两次套印完成，先在白纸上印框格，再将文字加印其中。《武英殿聚珍版丛书》采用了这种独特的排版印刷方式，印制得十分精美，没有任何字体不齐或着墨浓淡不均的现象，造就了木活字印刷史上的辉煌成就（图87）。

元明清三代使用木活字印刷的书籍较多。王祯用自己创制的木活字印制了百部《旌德县志》，效率高、效果好。明代木活字印刷的应用与普及超过前代，尤其是万历年间（公元1573-1620年）印本更多。明代用木活字印刷书籍的内容广泛，不仅《太平御览》、《太平广记》等大部头的书籍有木活字印本，小说、科技、家谱和方志等也有大量木活字印本，明代崇祯时期（公元1628-1644年）还用木活字排印报纸。特别值得一提的是，明代家谱的排印直接促进了木活字印刷的进一步发展和普及。明代家谱的刻印蔚然成风，出现了专门刻印或排印家谱的工匠，还有人在农闲季节，携带工具，走乡串镇，为人摆印宗谱。可见，木活字的应用已十分普遍。清代木活字印刷更为普及，尤以《武英殿聚珍版丛书》的印刷最为

图88 清代《武英殿聚珍版程式》

辉煌。《武英殿聚珍版丛书》共收书134种、2300余卷，雕刻木活字25万多个，谱写了历史上制作木活字数量最多、内容最丰富的不朽篇章。《武英殿聚珍版丛书》的监制者金简在完工后撰写《武英殿聚珍版程式》一书，以图文形式记录了此次木活字雕印过程（图88）。除《武英殿聚珍版丛书》外，各地的木活字印刷也很普及，各地的衙门、书院、官书局大都备有大批的木活字。

(3) 铜活字

我国以铜活字印刷书籍始于15世纪末，其后快速发展，使活字印刷技术进入了一个新的高峰。以金属材料制造活字，在技术上比用泥和木材制造活字要复杂得多，而且费时费工，投资也较大，但它坚固不易变形，可反复使用，适于书籍的大量印刷。公元1490年，江苏无锡华燧的会通馆使用铜活字印刷书籍，当时排印了《宋诸臣奏议》50册，这是目前所知我国最早的铜活字印本。随后，华燧的会通馆又陆续印行《记纂渊海》、《古今合璧事类前集》、《锦绣万花谷》、《荣斋随笔》等19种书籍，数量之多，在明代铜活字印本中首屈一指。明代应用铜活字印刷书籍的地区主要集中在当时江苏的无锡、常州、苏州，以无锡华燧的会通馆、华坚的兰雪堂、安国的桂坡馆最为著名（图89）。

清朝政府对铜活字印刷也十分重视，使用铜活字排印的书籍超过了前代。康熙年间内府用铜活字印制了《律吕正义》等书籍。清政府规模最大的一次铜活字印刷是公元1726-1728年排印的大型类书《古今图书集成》（图90），雕刻铜活字约25万枚。这是当时世界上规

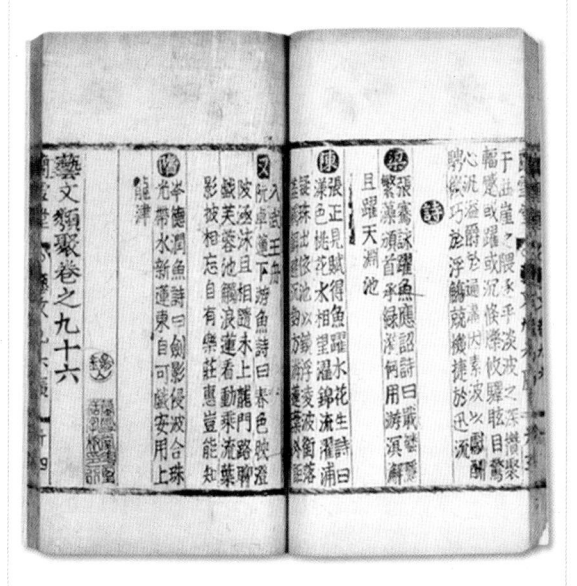

图89 明代《艺文类聚》铜活字印本

图90 清代《古今图书集成》铜活字印本

模最大的一部百科全书，全书万余卷，1.6亿字，分装5020册，成为我国活字印刷史上的盛举。清代民间的铜活字印本也不乏精品，江苏常熟吹藜阁的《文苑英华律赋选》、福建的《音学五书》等书写工整、镌刻精细、印刷精致，表明我国清代铜活字刻制与印刷技术已完全成熟。

我国的活字印刷除泥活字、木活字、铜活字外，还有锡活字、瓷活字等，它们的排字、印刷原理与木活字基本相同。

活字印刷是印刷技术史上一次伟大的技术革新，它减轻了雕版刻制繁重而费力的工作，提高了印书的效率且更为经济。活字印刷与现代印刷技术一脉相通，但它一直没能取代雕版印刷成为主要的印

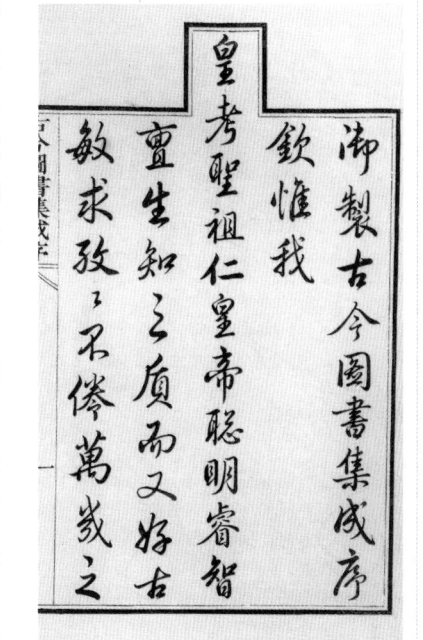

刷方法。活字印刷只有在印刷大批量书籍时才能显示优势，在印制较少数量的书籍时，效率并不高。活字印刷的刷印工作只占全部工作量的较少部分，而大部分工作用于检字、排字以及印刷完毕后的拆版、活字归原处等工序。在资金方面，活字印刷需要先制造大量的活字，其前期投资比雕版印刷还要大，这也是活字印刷的劣势。另外，雕版印刷能创造书籍的字体及格式上的多种不同风格及效果，印出的书籍具有独特的美感，而活字印刷则单调一致，缺少变化。雕版印刷每版两页，印成的书页整齐美观，活字印刷则略逊一筹。因此，在某种程度上说，是中国文化创造了活字印刷，又是中国文化的特点使活字印刷难以进一步发展。

3. 版画艺术

在雕版印刷技术上发展的基础上，人们对单调的文字版面进行了大胆革新，创新出木刻版画和套色印刷，将我国的雕版印刷推向了一个新的高峰。

（1）木刻新兴

公元9世纪，印刷技术臻于成熟，不仅刊刻文字，还刊刻了大量精美细致的版画。木刻版画的创造初衷是附属于书籍的扉

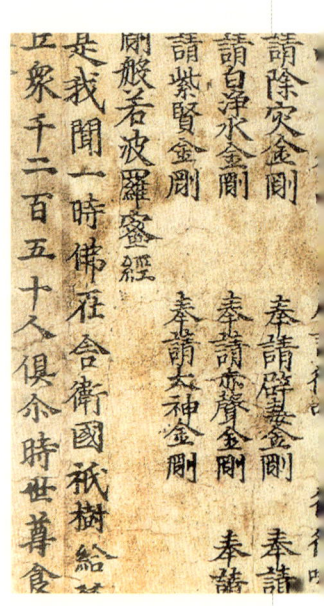

页画或插图,它既是对文字理解的补充,又是文字的装饰,为书籍增加了美感。随着雕版印刷技术的发展,木刻版画也逐渐发展成为一种高度精巧的艺术形式,其雕刻技巧和风格与当时的绘画具有相似之处。

木刻版画之源至少可以追溯到唐代。公元9-10世纪,我国的木刻版画作品大多与佛教有关,最著名的早期木刻版画作品当属甘肃敦煌莫高窟藏经洞中发现的公元868年的《金刚经》扉页画(图91),图面为佛祖居中端坐,弟子须菩提跪在地上,周围是神祇僧众以及身着汉族服装的官员侍从。全图繁而不乱,布局大方,用笔工整,人物表情生动,衣着线条流畅,是盛唐时期白描佛像的典范,同时显示了当时木刻版画的艺术和技巧已达到成熟阶段。五代十国时期,佛教版画的雕印较多。后晋开运四年(公元947年)归义军节度使曹元忠主持雕印的《大圣毗沙门天王像》,表现出十分精湛

图91 唐代《金刚经》扉页木刻版画
(甘肃敦煌莫高窟藏经洞发现)

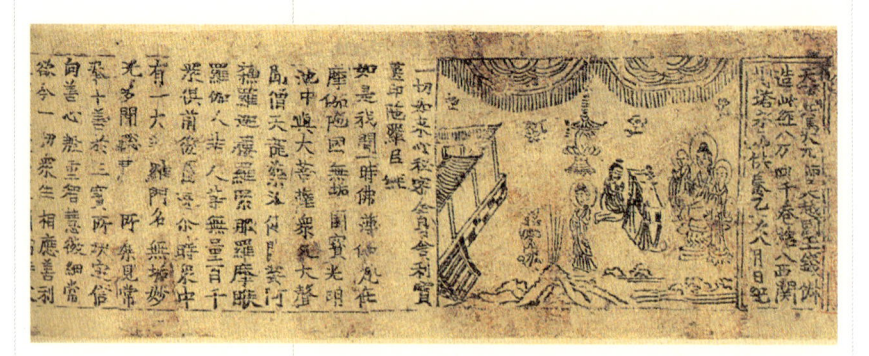

图92 五代十国·吴越国《宝箧印陀罗尼经》版画

的制作技术。全图构图严谨，中心突出，线条刻画刚劲而不呆板，整幅画的印刷墨色纯正而匀称，这种形式的单幅佛像画在当时印制很多。吴越国王钱俶雕印的《宝箧印陀罗尼经》的扉页画是王妃黄氏跪于佛坛前祈福的情景，此经版式极小，独具特色（图92）。

宋元时期吸收了佛经中版画插图的特点，儒家经典、文学、艺术、百科全书等也采用均附有插图的形式，插图版画多为中间插或连续插图形式。为参加考试的学子们印刷的一种特别的儒家经典版本《六经图》，上图下文，称为"纂图互注"本，描绘了《六经》中所记的309种器物；《尔雅图》是一种附有插图的词典，解释各种事物名辞。宋元文学主要面向市民，历史故事附有插图版画。《列女传》收录了123位著名女子的传记，其插图绘刻得十分精致；百科全书《事林广记》中的插图反映了当时的社会生活，既可以装饰书籍又有助于理解文字内容（图93）；《考古图》、《宣和博古图》的插图利于全面认识鼎彝器物的形象（图94）；建筑著作《营造法式》的平面图、断面图、构件详图以及各种雕饰是对文字说明的必要补充；画谱《梅花喜神谱》用百幅画描绘了梅花从蓓蕾到结实的不同花态（图95）；

《铜人针灸经》是我国第一部载有人体插图的书籍。元代流行的小说、杂剧印本中更有大量的插图版画。金刻《四美图》更是插图版画的精品,其构图合理,层次分明,镌刻技术十分娴熟(图96)。

明清两代是我国版画刻印技术的鼎盛时期,插图成为书籍的组成部分,插图版画的数量与质量均超过前代。随着印刷业的发达,印刷与售书成为社会经济中重要的一部分。明清时期,城市中私人书坊林立,彼此间的竞争激烈,为了在竞争中取胜,各家书坊不仅注重印刷的质量,还不断翻新书籍的内容,特别注重书籍插图的设计与雕刻,用新颖、出奇的版画插图来吸引读者。这一时期,附有插图的书籍涉及小说、杂剧、历史、地理、人物传记、美术图谱、科技著作、各种笺谱等诸

图93 宋代《事林广记》版画插图

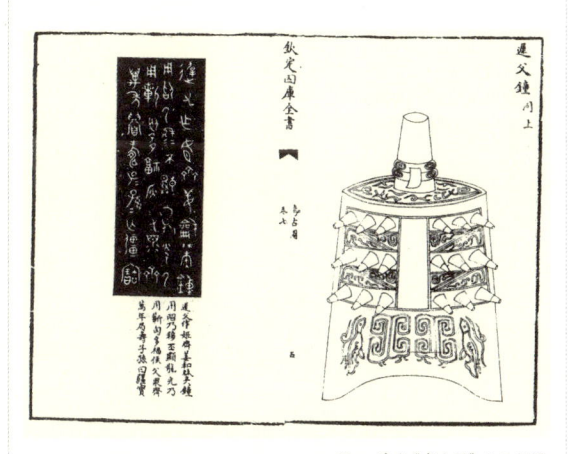

图94 清代《考古图》版画插图

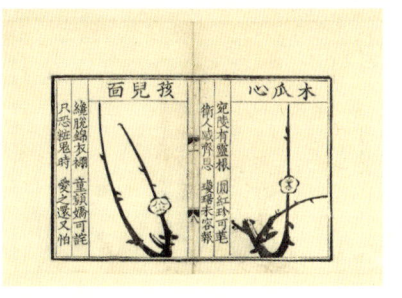

图95 宋代《梅花喜神谱》版画插图

图96 金代《四美图》版画

多内容，图案设计繁密精美，线条细腻，雕刻刀法高妙。样式打破了以往的上图下文的单一形式，变成整版半幅、整版对幅或团扇形式。插图的数量也有所增加，少则数幅，多则四五十幅，有的甚至达百余幅。明清时期的版画插图不仅是书籍的装饰，更是全书内容不可缺少的一部分，它形象地描绘了用语言难以表述的场景。明代宋应星的《天工开物》（图97）、徐光启的《农政全书》中都有大量的插图介绍器物的结构和操作技巧，明代李时珍的《本草纲目》用一千多幅插图形象地描绘了各种药物的复杂形态（图98），清代的《南巡盛典》以图画的形式记录了乾隆南巡途中的美丽风景。同时，为获得精美的插图，许多书坊争相聘请当时有名的画家为书籍的插图版画起稿画样，唐寅曾为《西厢记》画插图，仇英为《列女传》起稿，陈洪绶为《离骚》画图，这些画家的介入，将当时的绘画风格融入到插图版画的制作当中来。这些精美的木刻版画的构图精巧，绘者用笔不凡，刻者运刀圆润细腻，栩栩如生，将绘画的神韵真实地再现出来，展示了高超的绘刻技艺。明清画家的参与，使插图版画的绘刻水平产生了一个质的飞跃，为版画作品从朴拙走向纤丽，从单一演化成不同的艺术风格奠定了基础，大大

图97 明代《天工开物》版画插图

提高了书籍插图版画的艺术水平。木刻版画成为设计者、雕刻者与印刷者之间紧密契合的艺术形式,这三者将书籍的插图版画演绎成一幅幅艺术品,使其兼具实用性和艺术性。

当时除书籍插图外,还出现了行酒用的版画叶子和以版画装饰的诗笺等一些与人们生活有关的木刻版画用品。行酒用的版画叶子以明代陈洪绶创作的《水浒叶子》和《博古叶子》最为生动传神(图99)。诗笺上的版画作为纸笺的装饰,刻印精美,深得文人的喜爱,著名的当属明代胡正言的《十竹斋笺谱》和吴发祥的《萝轩变古笺谱》。

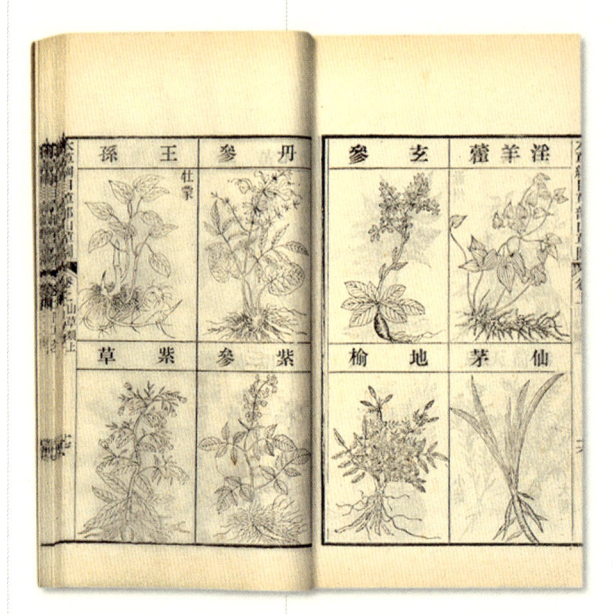

图98 明代《本草纲目》版画插图

(2)印刷敷彩

套色印刷是雕版印刷技术发展到一定程度的产物,是我国印刷史上一道美丽的风景线。它是在单色雕版印刷的基础上发展起来的多色印刷,可在一张纸上印出几种不同的颜色,常用于印刷书籍中句读、标点、评语及注释,还有纸币、书籍插图、信笺、年画等内容。我国从宋元时期开始出现两色套印,明代则发展为多色套印。明代末年,套色印刷与版画艺术相结

图99 明代《水浒叶子》版画

合产生了饾版拱花印刷技术，它的发明使中国水墨绘画之浓淡晕染、阴阳向背的神韵充分表现出来。清代使用套色印刷的年画，色彩鲜艳，构图饱满，成为民间点缀年景的喜庆佳品。

我国古代在手抄书籍时就重视对古书进行标抹、

圈点和批注,以帮助、指导他人学习古籍。如7世纪初的《经典释文》,经文用墨书抄写,音注用朱书写成。敦煌莫高窟藏经洞发现的唐写本《道德真经疏》也是朱书经文,墨书疏语。朱墨分明,这样既醒目又有助于阅读,这也是套色印刷产生的背景。

当手工抄写被雕版印刷取代后,为达到手工抄写时的"朱墨别书"红黑相间的色彩效果,人们不断探索,寻找新的方法以弥补墨版单色印刷的不足,以期印出色彩分明的印刷品。早期印刷木刻版画时,人们尝试使用过先墨印再敷绘的方法。敦煌曾发现五代时期刻印的菩萨像,该像是在墨印完成后,再将面容、衣巾、裙带用不同颜色饰染。辽代的《炽盛光九曜图》也是先以木刻墨印,印成后再着色的佛像画(图100)。宋代印刷的交子已使用过朱墨间错的套色印刷技术。元代的套色印刷技术已用于印刷书籍,终于印出了如同手写书籍时朱墨灿然、经注分明的图书。我国现存最早的朱、墨两色套印本是元代的《金刚经注》朱墨套印本,朱印经文,墨印注文(图101)。

明代是套色印刷应用最广泛的时期。明万历二十三年(公元1595年)安徽歙县的程大约滋兰堂雕印的《程氏墨苑》彩印本,将套色印刷技术推向了高峰(图102)。《程氏墨苑》的彩印本印有红色、黄色的凤凰,绿色的竹子,还有五颜六色的器物和花鸟,它的套色印刷技术比元代的《金刚经注》要复杂得多。套色印刷从印刷文字发展到版画作品,从简单到复杂,为中国特有的雕版印刷技术增添了一道绚丽的风采。虽然应用单版套色印刷技术已能印出精细的版画,但使用这种技术印出的画面往往色泽不鲜艳,色彩间界线不清、互相浸染。明代末年，吴兴富户凌、闵两家改进了单版分色套印技术，印制出十分精致的作品，各种色彩间很少参差，已到了炉火纯青的地步。

明代末年，休宁人胡正言在借鉴单版分色套印技术的基础上创新出"饾版拱花"印刷方法，创造了雕版印刷技术的奇迹。饾版印刷是把每种颜色各刻一块小木版，犹如饾钉，所以称为饾版，这是一种多版套色印刷技术。其技术程序很复杂，要先勾画全画，然后再依画的本身，分成几部分，称为"摘套"。一幅画往往要刻三四十块小版（图103）。印刷时依色分次印刷，这就完全避免了色泽的互相印染，印出来的画面其阴阳向背、轻重浓淡的过渡和层次自

图100 辽代敷彩《炽盛光九曜图》

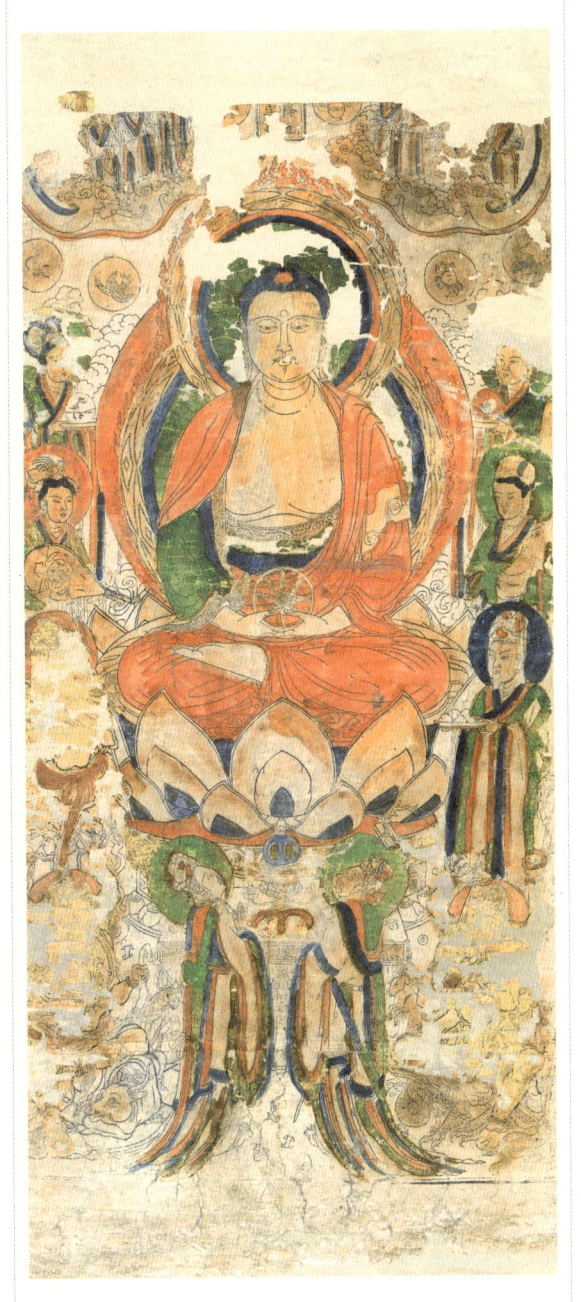

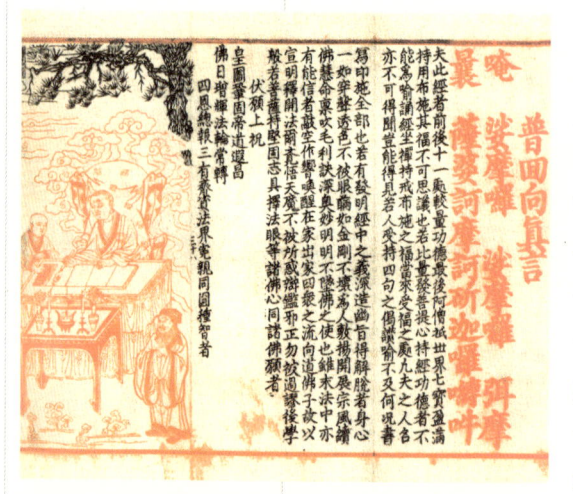

然流畅。饾版技术将我国的雕版印刷技术推向了新的高度，对后世的彩色印刷技术也有一定的影响。明代胡正言的《十竹斋画谱》全部采用饾版套色印刷技术印制而成（图104），清代饾版套色印刷的代表作品是《芥子园画传》（图105）。拱花是将纸张放置在雕有相同图案的凹凸相反的两版之间，将两版嵌合压印出花纹。拱花是一种无色印刷技法，但它印出的画面是有凹凸感的，能使作品具有较强的立体感，更具逼真和传神的韵味。拱花与饾版印刷技术相结合，是套色印刷技术的一次飞跃，是中国雕版印刷技术登峰造极之作。胡正言的《十竹斋笺谱》（图106）

图101 元代套色印刷本《金刚经注》
图102 明代套色印刷本《程氏墨苑》

和江宁吴发祥的《萝轩变古笺谱》都是运用饾版拱花技术印制的杰出代表。

清代的套色印刷技术也有很大发展，将彩色套印发展到六色套印。清康熙年间内府五色套印的《御制唐宋文醇》、雍正年间朱墨套印的《朱批谕旨》、乾隆

图103 明代饾版标本

图104 明代饾版套色印刷《十竹斋画谱》

年间内府三色套印的《劝善金科》、道光年间六色套印的《杜工部集》、《御制耕织图诗》等，都是套色印刷的精品（图107）。

（3）木版年画

清代自《芥子园画传》刊行后，就再没有重要的彩色套印作品问世，而年画成为套色印刷技术延续的重要领域。年画是中国民间于年节之际用来迎新春、祈丰年的民俗艺术品，在宋代称为"纸画"，明代则称作"画帖"，清代称为"画片"、"画张"、"卫画"等，

图105 清代饾版套色印刷《芥子园画传》

图106 明代饾版拱花印刷《十竹斋笺谱》

直到清道光二十九年（公元1849年）始被称为"年画"。

中国的年画历史悠久，早在汉代就有门上画武士的记载，由武士守门辟邪可以说是门神画的萌芽。约在五代、宋代之时，随着雕版印刷术的普及与发展，雕版印刷与年画相结合，形成了一种新的画种——木版年画。两宋时期，木版年画得到推广与普及，形成了以汴京、杭州、平阳为代表的木版年画产地。金代山西平阳印制的《四美图》刻画了王昭君、赵飞燕、班婕妤和绿珠四位美人，画面雍容华贵，线条流畅飘逸，具有唐代人物绘画的遗韵，是宋元时期木版年画的代表作。《东方朔盗桃图》是宋代套印年画的佳作，该图以墨线为轮廓，用淡墨和浅绿色套印而成，人物比例适中，神态生动有趣，后人以"东方朔盗桃"为庆祝老人长寿的颂词。明清时代进入年画创作生产的鼎盛时期，年画作坊遍及全国，形成了天津杨柳青、河北武强、河南朱仙镇、山东潍坊、陕西凤翔、山西临汾、四川绵竹、江苏桃花坞、福建漳州等著名年画产地，年画题材也愈加丰富。

木版年画由早期单纯的镇宅辟邪"门神"发展演变为具有多种吉祥含义的"门画"，其内容包罗万象，题材丰富，堪称一部反映民间生活的百科全书。这些年

图107 清代六色套印《御制耕织图诗》

画线条单纯，色彩鲜明，画面具有喜庆的特色，其内容大致可以分为驱凶辟邪、祈福迎祥、戏曲传说、喜庆装饰和生活风俗等五类。驱凶辟邪类年画是最为古老的木版年画题材，多贴于大门上。这类题材的年画内容从最早的桃符、苇索、金鸡、神虎，到后来的赵云、尉迟

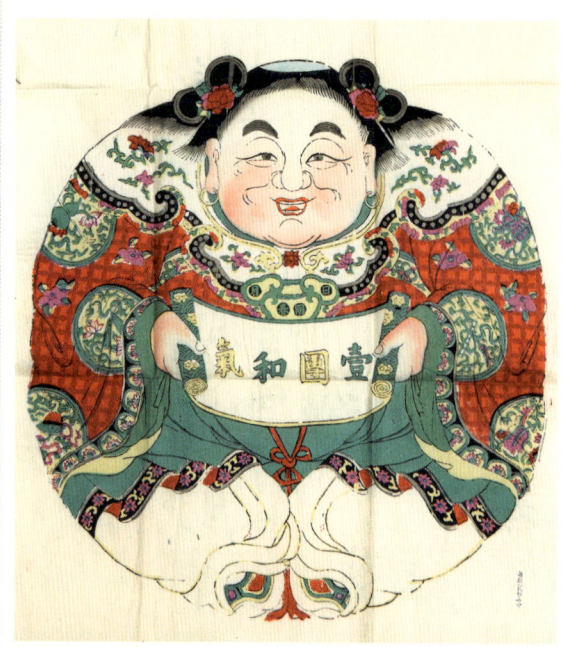

图108 清代版刻年画《一团和气图》

图109 清代版刻年画《白蛇传图》

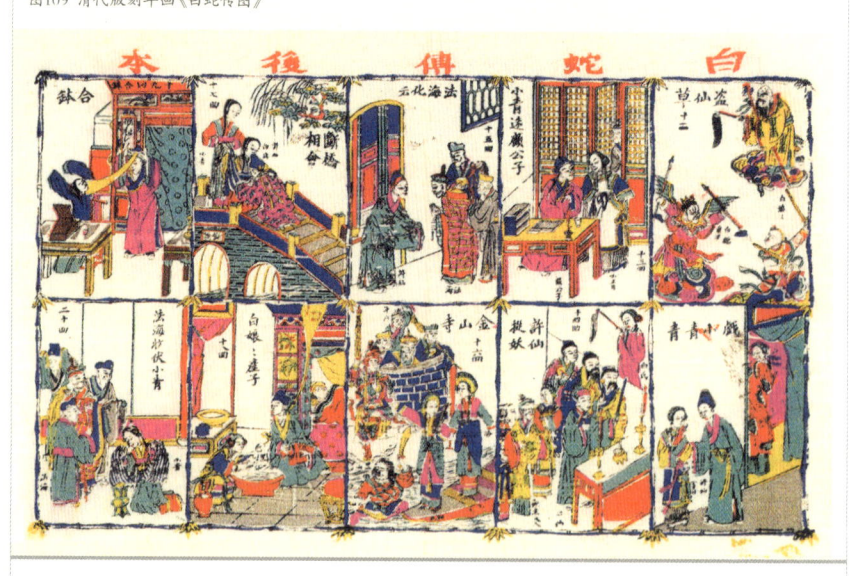

110

图110 清代版刻年画《桂序昇平图》

恭、秦叔宝、对锤侍卫、镇殿将军等武将以及钟馗、东方朔等各类神仙及八卦符瑞,反映了人们辟邪禳灾、祈求平安的心理要求。祈福迎祥类年画是最受欢迎的年画题材,福寿天官、麒麟送子、财神献瑞、连中三元、和气致祥、四季平安、玉堂富贵、日进斗金、年年有余等内容最能烘托节日气氛,表达了人们对美好生活的向往(图108)。戏曲传说是年画中数量最多的题材,人们将最受欢迎的人物和典型场面改编成不同样式的年画,这些戏曲画面表达了人们对善恶的判断、对自由的赞美、对英雄人物的景仰。各地印制的戏曲年画内容多取材于当地的地方戏,《白蛇传》、《水浒传》、《杨家将》等戏曲多为人们所熟悉(图109)。喜庆装饰是使用最多的年画题材,由具有喜庆意义的花鸟虫鱼等动植物通过一定的组合来构成画面,用谐音、隐喻、象征等手法来表达吉祥寓意的内容,如金玉满堂、长命富贵、新春大吉、万象更新等内容,整个画面生气勃勃(图110)。生活风俗年画是最常见的年画题材,主要有节令风俗、时事趣闻、生产生活和美女娃娃等内容,是人们

图111 清代版刻年画《闹学顽戏图》

日常生活的再现，表达了人们追求美好生活的理想和愿望（图111）。

木版年画的绘画艺术与传统绘画一脉相承，其印

刷技术脱胎于雕版印刷，是民间的现实生活、思想感情、祈求愿望的反映，更是印刷史上的一笔独特遗产。

结束语

中国造纸术发明后,迅速传播到世界各地。公元2-3世纪传到朝鲜、日本、越南,公元7世纪前传到印度和巴基斯坦,公元8-13世纪传往西亚和北非地区,公元12世纪以后经阿拉伯传入欧洲,公元17世纪从欧洲传入美洲。而印刷术于公元7世纪发明后不久,亦很快东传至朝鲜和日本,公元14世纪欧洲出现的雕版印刷和公元15世纪中叶出现的活字印刷,都受到中国印刷术的影响。

"浩如烟海"、"汗牛充栋",我们常常这样形容人类拥有的图籍。薄薄的纸片承载着人类的文明。造纸术和印刷术作为中国古代四大发明的重要内容,为人类的文明发展做出了不可磨灭的贡献。

参考文献

- 张秀民、韩琦：《中国印刷史》（增订本），浙江古籍出版社，2006年。
- 李致忠：《古代版印通论》，紫禁城出版社，2000年11月。
- 钱存训、郑如斯编订：《中国纸和印刷文化史》，广西师范大学出版社，2004年。
- 刘国钧、郑如斯订补：《中国书史简编》，书目文献出版社，1982年。
- 潘吉星：《中国造纸史话》，商务印书馆，1998年。
- 王菊花等：《中国古代造纸工程技术史》，山西教育出版社，2006年。
- 张秉伦、方晓阳、樊嘉禄：《中国传统工艺全集——造纸与印刷》，大象出版社，2005年。
- 故宫博物院：《故宫博物院文物珍品全集》，商务印书馆，2005年。
- 中国古代科技展编辑委员会：《中国古代科技文物展》，朝华出版社，1997年。
- 中国历史博物馆：《华夏文明史图鉴》，朝华出版社，1997年。
- 中国国家博物馆：《文物中国史》，中华书局，2004年。
- 杨鸿、李力：《华夏之美》，上海三联出版社，1993年。
- 徐艺乙、陈健：《木版年画》，山东科学技术出版社，1997年。
- 孙机：《汉代物质文化资料图说》，文物出版社，1991年9月。
- 潘吉星：《中国古代加工纸十种——中国古代造纸技术史专题研究之五》，《文物》1979年2期。
- 潘吉星：《世界上最早的植物纤维纸》，《文物》1964年11期。
- 阎文儒、傅振伦、郑恩淮：《山西应县佛宫寺发现的〈契丹藏〉和辽代刻经》，《文物》1982年6期。
- 毕素娟：《世所仅见的辽版书籍——〈蒙求〉》，《文物》1982年6期。
- 刘宝建：《清宫的风筝与秋千》，《紫禁城》第136期，2006年3月。
- 王慧：《清宫的纸牌》，《紫禁城》第144期，2007年1月。
- 向斯：《清宫盛世典藏》，《紫禁城》第144期，2007年1月。

封面设计	敬人设计工作室
	吕敬人+吕　旻
版式设计	李　红
设计制作	北京雅昌视觉艺术中心
责任印制	陈　杰
责任校对	陈　婧　赵　宁
责任编辑	张征雁　李　红

图书在版编目（CIP）数据

典藏文明：古代造纸印刷术/佟春燕著.
—北京：文物出版社，2008.7
（中国古代发明创造丛书）
ISBN 978-7-5010-2465-0

Ⅰ.典… Ⅱ.佟… Ⅲ.①造纸工业—技术史—中国—古代—通俗读物
②印刷史—中国—古代—通俗读物　Ⅳ.TS7-092　TS8-092

中国版本图书馆CIP数据核字(2008)第093053号

典藏文明——古代造纸印刷术

著　　者	佟春燕
出版发行	文物出版社
社　　址	北京东直门内北小街2号楼
邮　　编	100007
网　　址	http://www.wenwu.com
邮　　箱	web@wenwu.com
经　　销	新华书店
制版印刷	北京雅昌彩色印刷有限公司
开　　本	889×1194毫米　1/32
印　　张	3.625
版　　次	2007年7月第1版
印　　次	2007年7月第1次印刷
书　　号	ISBN 978-7-5010-2465-0
定　　价	46.00元